上海大学出版社

2005年上海大学博士学位论文 36

新型AgC电接触材料制备及其性能研究

● 作 者： 余 海 峰

● 专 业： 材 料 学

● 导 师： 马 学 鸣

Shanghai University Doctoral
Dissertation (2005)

Fabrication of a Newly Developed AgC Electrical Contact Material and Research of Its Properties

Candidate: Yu Haifeng
Major: Materials Science
Supervisor: Ma xueming

Shanghai University Press
· Shanghai ·

上 海 大 学

本论文经答辩委员会全体委员审查，确认符合上海大学博士学位论文质量要求.

答辩委员会名单：

主任：	李　劲	教授，复旦大学材料系	200433
委员：	李春忠	教授，华东理工大学材料系	200237
	石旺舟	教授，华东师范大学物理系	200062
	陈国荣	教授，复旦大学材料系	200433
	袁望治	教授，华东师范大学物理系	200062
导师：	马学鸣	教授，华东师范大学物理系	200062

评阅人名单：

单永奎	教授，华东师范大学化学系	200062
戎咏华	教授，上海交通大学材料系	200030
蓝闽波	教授，华东理工大学科技处	200237

评议人名单：

吴庆生	教授，同济大学化学系	200092
胡文斌	教授，上海交通大学材料系	200030
余锡宾	教授，上海师范大学化学系	200234
石旺舟	教授，华东师范大学物理系	200062

答辩委员会对论文的评语

余海峰同学在其博士学位论文“新型 AgC 电接触材料制备及其性能研究”中，利用高能球磨技术获得纳米石墨粉，结合还原剂液相喷雾化学包覆技术制备出纳米晶银石墨包覆粉，利用该粉体良好的烧结致密性能，成功实现了块体高性能 AgC 触头的制备；在制备工艺、性能及失效机制之间的关系等方面，得到了一系列重要成果. 论文目标明确，选题合理，研究结果具有重要的学术意义和应用价值. 取得主要创新性结果如下：

(1) 开发了高能球磨与还原剂液相喷雾化学包覆相结合的新技术制备出特殊烧结粉体，使烧结 AgC 触头性能全面改善，特别是耐电弧腐蚀性能得到明显提高. 提供了一种新的触头生产制备工艺，成功进行了小规模产业化并批量供应市场.

(2) 在 ASTM 触头材料试验机上测试并研究了球磨-包覆工艺 AgC 新型触头材料的耐电弧磨损性能和特性及其电弧腐蚀特征，并对其耐电弧磨损性能提高的机理进行了分析与探讨.

(3) 以适量碳纳米管作为纤维增强体，制备出一种新型的碳纳米管增强 AgC 电接触材料，具有更加突出的机械物理性能和电弧磨损性能，就此材料及其制备方法申请了国家发明专利.

论文结构合理，条理清楚，写作文笔流畅. 试验方法选择恰当，数据翔实可信，理论分析合理，结论正确．工作的系统性和理论与实践的有机结合是该文的一个重要特点，这是一篇优秀的博士论文．在答辩过程中该同学表达清楚，思路清晰，逻辑性强，回答问题正确．表明该同学较好地掌握了本学科坚实宽广的基础理论和专门知识，具备独立从事科研工作的能力．

答辩委员会表决结果

经答辩委员会全体成员讨论和无记名投票，一致认为余海峰同学的博士论文已经达到博士学位论文要求，同意通过该同学的博士论文答辩，建议授予博士学位．

答辩委员会主席：李　劲

2005 年 1 月 7 日

摘　要

基于纳米材料诱人的特性和应用前景，本论文首次将纳米技术应用在AgC触头材料的制备中，研制出性能优异的新型AgC触头，并对其机械物理性能和耐电弧磨损性能进行了系统研究.

为整体改善传统机械混粉AgC触头的机械物理性能和耐电弧磨损性能，首先从粉体制备上入手，引入化学包覆工艺改善其成分偏聚和组织不均匀性，采用高能球磨获得纳米级石墨，作为后续银原子非均质形核核心，结合还原剂液相喷雾技术制备出纳米晶AgC包覆粉，利用该粉体良好的烧结致密性能实现了块体触头性能的全面改善.

以纯度为C%>99.5%、粒度为200目的石墨粉为原料，通过QM-1SP型行星式球磨机，经过最佳球磨时间10 h高能球磨后，制备出一维纳米级石墨，平均厚度50～60 nm. 对球磨包覆Ag-5%C粉的X衍射测试表明，制备的包覆粉中Ag的平均晶粒尺寸约为50 nm.

论文研究了制备出的纳米晶AgC包覆粉体的烧结性能及其块体触头材料的机械物理性能，研究了球磨时间对触头性能及组织的影响以及烧结温度对其性能的影响，对AgC体系三种不同的粉体制备工艺触头材料进行了组织和机械物理性能对比分析并建立了简要的机理模型分析，研究了纳米晶包覆粉的配比添加对常规机械混粉触头性能的影响.

研究结果表明，随着球磨时间的增加，AgC块体触头出现了石墨定向组织.电导率均匀组织时最高,出现石墨定向组织时降低,又随定向组织的增多而回升,但材料的硬度和致密性下降.随着烧结温度的升高,触头的致密度增加,硬度上升,电导率明显提高.在840℃左右,材料性能最佳.与机械混粉和滴加-包覆工艺相比,球磨石墨喷雾-包覆工艺制备的Ag-5%C材料具有极好的机械物理性能和更加均匀的组织.新工艺中采用还原剂液相喷雾技术,大大增加了还原剂与反应溶液单位时间接触面积,提高了分散在反应溶液中的C粉充当Ag原子非均质形核核心的几率;同时大大降低了还原剂在反应溶液中的局域浓度,有效抑制了Ag原子长大速率.两方面作用下该技术实现了细化包覆粉体及其晶粒度的作用并改善了其包覆效果,更好地消除了C在Ag基体中的成分偏聚.利用球磨-包覆工艺制备的纳米晶Ag-5%C包覆粉,混合在传统的Ag-5%C机械混粉中,实现了通过利用纳米晶粉的晶粒长大填补机械混粉材料中的微小孔隙,从而达到了改善机械物理性能的目的.

将制备出的新型AgC触头与传统粗石墨机械混粉工艺触头安装在ASTM机械式低频断开触头材料寿命试验机上进行了不间断电弧磨损对比分断试验,同时结合4组混合配粉触头进行了分阶段电弧磨损对比分断试验,测试并研究了该新型触头材料的耐电弧磨损性能和特性及其电弧腐蚀特征,并对其耐电弧磨损性能提高的机理进行了分析与探讨.

研究结果表明,不间断电弧磨损试验中球磨包覆工艺制备的新型AgC触头平均分断电弧质量损失远低于粗石墨机械混粉触头,抗电弧腐蚀性能提高了40%以上并具有更好的抗熔焊性能.分阶段电弧磨损试验中各组样品在最初阶段损耗量相差不大,随着分断次数的增加,相较于常规机械混粉工艺触头,球磨-包覆Ag-5%C触头每一阶段均表现出少得多的电弧损耗量. Ag－5%C 机械混粉触头随分断次数电弧磨损量呈指数大于1的指数函数规律上升，即到分断后期，由于表面坑洼程度加剧导致电涡流磨损现象的存在，电弧对触头的腐蚀加重，触头性能急剧劣化甚至失效. 而球磨-包覆 Ag－5%C 触头随分断次数电弧磨损量呈近线性规律变化，在分断各阶段电弧腐蚀对材料的损耗比较稳定，不会出现分断后期性能和损耗急剧劣化的情况. AgC 体系触头材料经电弧侵蚀后其工作面上形成的形貌特征包括结构松散区、富银区、C 沉积区、电弧冲击坑、气孔和孔洞以及裂纹，在电弧冲击作用下新工艺触头表现出了比传统粗石墨机械混粉触头更好的阻止熔融 Ag 珠喷溅损失脱离基体和阻碍表面裂纹生成扩展的能力.

将研制的新型 AgC 触头材料应用在上海施耐德低压终端电器有限公司及北京 ABB 低压电器有限公司生产的小型断路器上，分别通过了国家低压电器质量监督检验中心的运行短路能力试验测试. 该新型材料已经小批量供应上海施奈德和北京 ABB 等生产企业，并取得了良好的经济收益.

采用将高能球磨、化学包覆和粉末冶金工艺相结合配以适量碳纳米管作为纤维增强体的思路，制备出一种新型的碳纳米管增强 AgC 电接触材料并申请了国家发明专利. 试验采用的碳纳米管直观团聚体尺寸数十微米，由网状碳纳米管纠结构成，构成的碳纳米管丝平均尺寸 30～60 nm，制备出的碳纳米管增强 Ag－5%C 包覆粉中银的平均晶粒尺寸约为 50 nm. 包覆粉中微米尺寸的 Ag 颗粒呈絮凝状结构包覆在石墨片及碳纳米管的外面，这种絮凝体内部孔洞尺寸细小且分布均匀，有助于后续烧结过程的进一步致密化. 相较于传统机械混粉 Ag－5%C 触头，球磨-包覆工艺和碳纳米管增强球磨-包覆工艺 Ag－5%C 触头均表现出了极佳的机械物理性能，主要性能指标大幅提高；同为球磨-包覆工艺，碳纳米管增强 Ag－5%C 触头硬度进一步提升.

尽管在电弧磨损最初阶段材料损耗量相差不大，随着分断次数的增加，相较于传统机械混粉触头，球磨-包覆工艺和碳纳米管增强球磨-包覆工艺 Ag－5%C 触头每一阶段的材料损耗量都少得多，表现出了优异的耐电弧磨损性能. 同为球磨-包覆工艺，碳纳米管增强 Ag－5%C 触头耐电弧磨损性能各分断阶段均显示了轻微程度的劣化. 尽管如此，碳纳米管增强球磨-包覆 Ag－5%C 触头随分断次数电弧磨损量呈指数小于 1 的指数函数规律变化，即到分断后期其材料损耗量趋于稳定，材料损耗速率下降，有效地抑制了电涡流磨损现象，这种优异的电弧磨损特性对于提高其工作寿命具有重要意义. 在触头分断后期，碳纳米管的存在及其强化基体骨架作用，有效地阻止了触头工作面的大量剥离，减轻了工作面坑洼度，抑制了电涡流磨损现象，是碳纳米管增强 Ag－5%C 触头具有优异的电弧磨损特性的机理之所在.

关键词　触头，AgC，纳米技术，球磨，还原剂液相喷雾化学包覆，电弧磨损，碳纳米管

Abstract

In view of the distinguished feature and application prospect of nanomaterials, the nanotechnology was first applied in the fabrication of silver/graphite electrical contact materials, and newly developed AgC electrical contacts were prepared in the thesis. And also, their physical and mechanical properties and arc erosion resistance were systematically researched.

To improve the properties of traditional blending AgC electrical contact material, electroless plating technique was employed in powder preparation to improve their component segregation and microstructure nonuniformity. Nanocrystalline AgC coating powders were then prepared under the combination of the reducer liquid spraying-electroless plating method and nanosized graphite, which came from the high-energy milling and worked as the heterogeneous cores of Ag atoms nucleating. Because of its well sintering densification, the properties of block contacts were totally improved.

The graphite powders with over 99.5% content of C and 200 mesh granularity were used as raw material and milled for the best ten hours on the QM-1SP planetary mill and one-dimension nanosized graphite was then fabricated, with the average thickness of 50～60 nm. The X-ray diffraction test showed that the average grain size of Ag in the as-prepared electroless plating Ag－5% C powders was about 50 nm.

In the thesis, the sintering properties of fabricated nanocrystalline AgC electroless plating powders and the physical and mechanical properties of their block contacts were researched, along with the influence of milling time on their properties and microstructure and the sintering time on the properties. At the same time, the AgC contacts fabricated by three different techniques were compared on their microstructure and properties and accordingly a brief mechanism model was established. At last, the influence of nanocrystalline electroless plating powders on the properties of conventional blending AgC contacts was researched.

The research showed that with milling time going, graphite orientation structure appeared in the AgC block contacts. At that time, the electrical conductivity went lower, which was highest when uniformly microstructured, but it rose again as the orientation structure growing, with the decline of its hardness and density ratio at the same time. While with the sintering temperature growing, the density ratio, hardness and electrical conductivity of the contacts increased and arrived their highlight at about 840℃. The Ag－5% C material fabricated by milled graphite spraying-electroless plating technique had superior physical and mechanical properties and uniform microstructure to those made by blending and dropping-electroless plating techniques. With the reducer liquid spraying-electroless plating method, the contact area between reaction solution and reducer in unit time and the ratio of graphite powders separated in the reaction solution working as heterogeneous cores of Ag atoms nucleating were greatly increased. At the same time, the local concentration of reducer in reaction solution was largely reduced, and then the growth of Ag atoms was suppressed. Because of the factors mentioned above, the refinement of electroless plating powders and their grains and the improvement of electroless plating effect were achieved, and the component segregation of graphite in the Ag matrix was well eliminated. Mixed with various content of the as-prepared nanocrystalline electroless plating powders, the micropores in blending AgC material were filled by the growth of nanocrystalline grains. As a result, the mechanical and physical properties of the fabricated contacts were improved.

The uninterrupted experiment for erosion behavior of the prepared new type AgC contact and its traditional blending counterpart by breaking arcs were done by using an ASTM Contact Material Automatic Measuring Device. In the meantime, the experiment for erosion behavior of 6 group contacts, the two contacts mentioned and four blending contacts mixed with nanocrystalline electroless plating powders, by breaking arcs were done. The arc erosion resistance properties and characteristics of the as-prepared new type AgC contact material were tested and studied, and also the improvement mechanism of the former was analyzed and discussed.

As was shown in the uninterrupted experiment for

erosion behavior, compared with coarse graphite blending material, the new type AgC electrical contact had less average weight loss of breaking arcs and 40% higher arc erosion resistance and better resistance against welding. In the experiment for erosion behavior by stages, the samples had similar weight loss at the beginning, but with breaking time growing, the fabricated new type AgC contact showed better arc erosion resistance at every stage than blending contacts. For blending materials, the relationship between their loss and breaking times took the shape of an exponent function curve, whose exponent was larger than 1. That meant in the anaphase of breaking, the arc erosion got aggravated and the properties of contacts got worse and even noneffective because of the existence of electric vortex erosion, which was caused by the aggravation of the potholes of contact surface. And for milling-electroless plating Ag - 5% C contact, the relationship between its loss and breaking times presented the shape like a linearity function curve, which meant the weight loss tended to be stable at every stage and the situation mentioned above won't happen. After arc erosion, such morphology characteristics were formed on the contact surface of AgC materials as loose structure, Ag enrichment structure, graphite sediment structure, arc impact crater structure, gas pore and hole structure and crack structure. Under the impact of arcs, the new type electrical contact were superior to its traditional blending counterpart to prevent the melted Ag beads to spray and get away from the matrix and keep up the formation and development of surface cracks.

The new type AgC contact material, employed on the miniature circuit breakers from Schneider Shanghai low voltage terminal Apparatus Co., Ltd. and ABB Beijing low voltage Apparatus Co., Ltd., had respectively passed the short circuit circulation test by China National Centre for Quality Supervision and Test of Low Voltage Apparatus. It had been supplied to several manufacturing corporations like SSLVTA and ABB Beijing by small batch and good economic income had been achieved.

Prepared by the combination of high-energy milling, electroless plating and powder metallurgy technique, with carbon nanotubes as the fiber reinforcer, the new type carbon nanotubes-reinforced AgC electrical contact material was fabricated and its National Invention Patent was applied. The carbon nanotubes aggregate employed had the size of tens of microns, which was comprised of carbon nanotubes sized 30～60 nm. And the average grain size of Ag in the as-prepared carbon nanotubes-reinforced Ag－5% C electroless plat-ing powders was about 50 nm. In electroless plating powders, graphite and carbon nanotubes were coated by microsized Ag granules with flocculent structure and the floccules had small and uniform internal micropores, which was helpful to the further densification in sintering. Thus, the prepared carbon nanotubes-reinforced Ag－5% C contact showed better physical and mechanical properties compared with blending contacts and better hardness even with other milling-electroless plating contact.

Although they had similar weight loss at the original stages, the new Ag－5% C electrical contact prepared by milling-electroless plating technique and nanotubes-reinforced milling-electroless plating technique showed better arc erosion resistance than traditional blending contact at the after stages. Even all prepared by milling-electroless plating technique, the arc erosion resistance of nanotubes-reinforced Ag－5% C contact displayed slight worsening at every stage, and the relationship between its loss and breaking times of the former took the shape of an exponent function curve, with exponent less than 1. That meant in the anaphase of breaking, the arc erosion tended to be stable, the material wastage was decreased and the electric vortex erosion was effectively controlled, which was important to prolong its working life-span. In the anaphase of breaking, because of the existence of carbon nanotubes and its role to reinforce the matrix, the peel-off of the contact surface material was efficiently prevented, the potholes of contact surface were lightened and the arc erosion of current vortex was effectively controlled, which were the mechanism why the carbon nanotubes-reinforced Ag－5% C electrical contact had excellent arc erosion characteristic.

Keywords electrical contact, silver/graphite, nanotechnology, milling, reducer liquid spraying-electroless plating, arc erosion, carbon nanotubes

目　　录

第一章 电接触材料研究进展

触头是电器开关、仪器仪表等的接触元件，主要承担接通、断开电路及负载电流的作用. 因此它的性能直接影响着开关电器的可靠运行与寿命. 而电接触材料则是开关电器中的关键材料，开关电器的主要性能以及寿命的长短，在很大程度上决定于其触头材料的好坏. 触头在实际使用过程中的情况非常复杂，除了机械力和摩擦作用外，还有焦耳热、电弧的灼烧，以及因电流极性而产生的材料转移等，这些都会对材料产生影响，并且，对不同的材料来说，影响也不尽相同. 由于使用场合的不同，对触头材料的要求也是多方面的[1]，通常要求它具有良好的导电性和导热性、低而稳定的接触电阻、高的耐磨损性(电弧磨损和机械磨损)、抗熔焊性、良好的化学稳定性和一定的机械强度，对于真空触头材料还要求截断电流小、含气量低、耐电压能力强、热电子发射能力低等等.

目前，应用于弱电领域中的触头材料大多采用金和铂族金属及其合金(高的化学稳定性). 在强电领域中主要有银基触头材料(主要用于低压电器、家用电器等)、铜基触头材料(主要用于真空断路器等)和钨基触头材料(用于高压油路断路器、SF_6 断路器、复合开关等)[2]. 用于生产制造的触头材料品种很多，二元或多元复合触头材料共计有数百种，广泛应用的触头材料只不过几十种. 在二元或多元体系中，大部分触头材料形成的是“假合金”，其制造工艺主要是粉末冶金法与熔炼法两大类，可以根据不同的成分和性能要求，选用不同的制造工艺. 随着强电触头材料向着高电压、大电流、大容量的方向发展以及弱电触头材料小型化、高寿命和高灵敏度的发展趋势，对触头材料的要求越来越高. 近年来，随着冶金技术的不断发展，国内外在触头材料的制造技术方面有了很大的发展，新工艺、新技术得到了广泛应用，如采用纤维强化冶金工艺制备出的钨纤维、镍纤维等纤维强化触头材料具有优良的电性能；德国发展了生产银石墨间接重复挤压工艺，得到了密度高、延伸性好的产品；此外，烧结挤压工艺、等静压技术、超声波场中压制成形技术以及机械合金化、离子注入等技术已经应用在触头材料的制备中，触头材料的性能得到了很大的提高.

1.1 电接触材料简介

电接触材料是开关电器中的核心部件，担负着接通、承载和分断电流的任务. 由于触头在电器开关中的作用和功能，加之电器种类的多样化，决定了针对不同的开关电器和使用条件，选用不同的触头材料，因而促使触头材料多样化和制备工艺的不断提高和发展. 现代化的大型复电气系统，如大型电力系统、自动控制系统、通讯系统等，其中包含的电接触数目常在数十万以上，如果其中的一个或几个工作失效，则将导致整个系统工作紊乱，甚至全部瘫痪，它所造成的后果将是无法估量的，因此触头材料既是电子、电讯、电器等产品的关键和核心，又是它们的致命弱点，已成为电子技术中不可缺少的重要材料. 世界各先进工业国家如美、俄、德、日、法、英和东欧等都十分重视电接触材料的研究[3]. 我国从1956年开始生产触头，四十多年来已形成一定的生产能力[4].

1.1.1 开关电器对触头材料的基本要求

触头材料在开关电器中的功能是在电路中接通和断开电流，触头在开闭过程中产生的现象极其复杂，影响因素较多，因此为了满足各类实际应用，开关电器对触头材料的要求，最重要的是以下几方面[5]：

(1) 良好的导电性和导热性. 由于开关电器中触头和支座的热容量不大，并且散热所需的面积或体积也有限，因此所用的触头材料应该具有良好的导电性和导热性，使得因电流通过而产生的焦耳热不会使温升超过规定值.

(2) 抗熔焊性. 触头闭合状态时,因线路故障通过大电流造成所谓静熔焊. 触头在闭合前的瞬间或闭合后的弹跳时,会因电弧使材料熔化而造成所谓动熔焊. 触头间微弱的熔焊(熔粘、粘接),是接触点的温度达到材料软化点而发生的,牢固的熔焊(焊接、焊住),则是因为达到了熔化温度. 触头间发生熔焊,特别是牢固熔焊时,便会因线路不能开断而发生很大的事故. 触头材料具有高的熔点、高的软化温度,以及低的电阻率,都对抗熔焊性有好处. 有些材料本身的可焊性差,或者表面熔化之后生成脆性的或疏松的膜,即使发生了熔焊,但焊接力很小,这样也提高了抗熔焊性.

(3) 耐电弧磨损性. 是决定开关电器通断能力和电寿命的重要性能. 电弧磨损也称为电弧烧损或电弧腐蚀,在强电情况下,电弧造成的金属汽化是损耗的主要形式,金属因电弧造成猛烈蒸发而产生的蒸汽,会吹走触头上的金属液滴而造成剧烈的烧损. 触头材料的耐电弧磨损性与热导率、熔点、熔化潜热、蒸发潜热、材料中组元的分解温度和分解热,以及材料的组织结构等,有着密切的关系. 通常经受电弧的触头采用复合物材料,但当电流达 100 kA 的数量级时,目前所有的触头材料的烧损相同,因此没有选择余地.

(4) 分断大电流时不易发生电弧重燃. 在一些灭弧方式简单而又需要分断大电流的开关电器中,往往因灭弧能力不够,在分断交流电流时发生多次电弧重燃,严重时会因持续燃弧而把电器烧毁. 开关电器分断后发生电弧重燃与否,决定于触头之间的气隙介质强度与系统的恢复电压之争. 如果气隙介质强度恢复得比系统恢复电压快,电弧便能保持熄灭,也就是说这个开关成功地分断了交流电流,介质强度恢复的快慢决定于开关的设计、试验参数以及绝缘材料和触头材料的物理性能. 对于触头材料来说,含有热离子发射型元素和低电离电势元素的材料,容易使电弧重燃. 还有触头材料的热学性能以及组织结构和表面状态,对电弧的重燃都起着重要作用,良好的热学性能可以帮助冷却电弧,而结构和形貌则影响电弧的运动. 材料的组织结构和表面状态与制造方法也有关系.

(5) 低的截流水平.这对真空开关电器是非常重要的,在真空开关的分断过程中,触头间隙内的介质强度迅速恢复,使电弧很快地熄灭.这种情况下,触头只受到最多半个周波的电弧烧灼,烧损量很小,所以真空开关的电寿命很长.但是,由于电弧的很快熄灭,使电流立刻降至零,也即所谓"截止了电流",这种截流是有害的,将会因线路中感生的高电压而把设备的绝缘击穿.在真空开关电器中,介质强度的迅速恢复,是因为电流变零时金属蒸汽凝结到电极和屏蔽罩上,而使触头间隙迅速地被抽空的缘故.因此,当触头材料中含有蒸汽压高的元素时,可以降低截流水平.

(6) 低的气体含量.真空开关电器要求触头材料含有极少的气体,因为真空开关的灭弧室内任何时候都要使压力保持在 10^{-4} mbar 以下,在使用过程中,触头材料内的气体在电弧的作用下会释放出来,如果材料所含的气体太多,释放出来的气体便会破坏真空,严重时会把开关毁坏掉.因此,一般地说,作为真空开关的触头材料,其含气量只能是几个 10^{-6},最多不能超过 10×10^{-6}.近年来发现,如果材料中含有能够吸气的组元,则含气量的要求可以放宽.

(7) 化学稳定性.触头材料在温度升高,或者环境中存在硫、氯以及由绝缘材料分解生成的腐蚀性物质时,应该不容易起化学反应,或者即使生成了化合物膜,但不稳定,很易分解.否则,会因触头表面生成绝缘膜而增大接触电阻.

1.1.2 常用触头材料应用现状及研究进展

(1) 铜钨系触头材料[6]

铜钨系触头材料是由高熔点、高硬度的钨和高导电率、导热率的铜而构成的合金.该系合金触头材料具有良好的耐电弧侵蚀性、抗熔焊性和高强度等优点.在油路断路器和 SF_6 断路器及其他惰性气氛的开关断路器中使用,不易氧化,对 SF_6 分解的影响较小,触头损耗也少.

目前,多元系铜钨触头材料在研究发展中,已有报道,向铜钨合金中添加合金镍可使其抗电弧腐蚀性能得到进一步提高.同时,制造工艺技术革新改造不断推进,有研究报道,为提高铜钨触头在空气中耐烧损性能,将钨粉颗粒细化至 51 μm 左右时,钨含量提高到 80%~90%,可使烧损率降至最低.

随着铜钨合金触头材料的发展,发展铜钨合金能很好满足火花放电器、CO_2 激光器、激光物激发器及电火花加工用电极材料的要求,已开始向上述领域渗透,拓宽应用范围.

(2) 银钨系触头材料

银钨系触头材料自 1935 年问世以来一直广泛地用于自动开关、大容量断路器、塑壳断路器中.它具有良好的热、电传导性及耐电弧腐蚀性,金属迁移的熔焊趋势小等优点.其主要缺点是接触电阻不稳定.因此,近年来国内外对银钨的研究,较多地放在改善其接触电阻方面.近期的研究表明,银钨触头接触电阻不稳定是由于触头在开断过程中,表面生成 WO_3、Ag_2WO_3 及其他一些非导电性的化合物,以及银钨触头表面的钨逐渐增高等原因所导致.解决的途径可从两个方面进行:其一是材料成分上的革新,通过在银钨触头材料中添加金属铜、锌、镁、氧化铝及铁族元素来改善,其中以添加钴对改善银钨接触电阻的效果较显著,其值比原来的银钨合金低 1/3~1/2,但是磨损率增大,耐电弧腐蚀性能有所降低.添加镍对减轻磨损有利,因为镍含量低于 13%时,可使硬度增加,耐电弧腐蚀性也增加.另一方面是从制造工艺方法着手,银钨组分、钨粉粒度、制造方法等对银钨触头性能都有影响,在高银含量的银钨合金中,钨含量越高,接触电阻越大,钨颗粒越粗,硬度越低,耐电弧腐蚀性越差,但在电弧作用下触头龟裂减少,材料损耗降低.此外用烧结挤压法比烧结挤压熔渗法制成的银钨触头材料接触电阻低,这是由于烧结挤压法在材料中形成了微细裂纹.

(3) 银氧化镉触头材料

银氧化镉触头材料具有耐电磨损、抗熔焊、接触电阻低而且稳定的特点，广泛应用于电流从几十安到几千安，电压从几伏到上千伏的多种低压电器中.

银氧化镉触头材料自20世纪30年代出现以来，各国对它进行了广泛深入的研究，弄清了银氧化镉的特性主要是银基上弥散分布的氧化镉粒子起了良好的作用.

70年代以前，主要研究了影响触头材料性能的因素，添加合金元素对银氧化镉合金形态结构和性能的影响，找到了改善合金导电率、硬度、电弧侵蚀速率的一些添加元素.70年代以后，针对电弧侵蚀、材料迁移、复合技术、镉的毒性与防护等问题的研究比较多.

近年来，一方面为了节约银，研究了采用双层或多层触头，生产中应用的银氧化镉与铜复层、银氧化镉与铜镍合金复层等，节银可达1/3～1/2；另一方面由于镉金属蒸气有毒，污染环境，对人体有害，许多国家都开展了代镉材料的研究，目前比较成功的是用银氧化锡代替银氧化镉.

(4) 银镍、银石墨触头材料

银镍触头材料具有良好的导电、导热性，接触电阻低而稳定，电弧侵蚀小而均匀，在直流下开闭时的材料转移比纯银小.

银镍触头材料自1938年试制成功后，一直广泛用于自动开关中.一般镍含量为10%～40%，镍含量不同，其使用场合不同.镍含量低的用于中小电流等级的接触器、继电器、控制开关等；镍含量高的主要用于铁路开关、保护开关、中等容量的空气开关等.但是，这种触头在大电流下抗熔焊性能差，通常和银石黑触头配对使用.

为了进一步提高银镍触头的性能，目前各国做了不少研究工作.内容包括：材料表面形貌的改变，难熔添加物对材料熔焊和损蚀特性的影响等.譬如，向银中加少量铜、锡或锌制成合金粉并进行氧化，然后与20%的镍粉及1%以下的石墨粉混合，烧结，挤压，所得产品的耐电弧腐蚀性、抗熔焊性与银氧化镉相同；向高镍含量的银镍合金中添加一种或多种难熔金属(钨、铂、铬)或难熔金属的碳化物，可防止镍的聚集，提高接触特性，缩短燃弧时间，提高抗熔焊性能；向银镍合金中加入其他金属氧化物(CuO,ZnO,SnO_2)还可降低银含量,而触头性能相当或优于银氧化镉材料,抗熔焊性亦得到提高;向银镍中添加高熔点、耐腐蚀的金属钛,能提高银镍触头的硬度和耐电弧腐蚀性能.

银石墨触头材料的特点是导电性能好,接触电阻低、抗熔焊性好,即使在短路电流下也不会熔焊,但是电弧侵蚀较高,电磨损大,灭弧能力差.

研究表明,银石墨类材料的接触特性与生产过程中石墨颗粒在银基体中的分布形态有很大关系.由于石墨比重小,用混合烧结法制造不易均匀,美国报道将石墨和铜粉放入硝酸银熔融液中制成 Ag-Cu-C 触头材料,该材料的组织均匀,硬度高,接触电阻低,磨损减少.德国多采用烧结挤压法生产银石墨,可达理论密度的 99.9%以上,多种性能均显著提高.

另有研究报道,把银镍触头材料抗电弧侵蚀性能与银石墨触头材料抗熔焊性能好的特点结合起来,用压形、烧结方法制成 $AgNi_{10}C_3$ 材料可用作低压电力分断开关的触头,并进而研究了石墨含量对静态燃弧特性、熔焊强度及使用寿命的影响.

(5) 铜铬系触头材料

在众多的触头材料中,CuCr 合金触头越来越被人们所看好,特别是对中压大容量真空开关来说,CuCr 的优越性尤为突出.因为在此合金的组合中,Cu 具有良好的导热、导电性,为 CuCr 触头大的工作电流和开断能力提供了保证,而 Cr 相对较高的熔点和硬度保证了触头有较好的耐压和抗熔焊性能,Cr 的难以产生热电子发射保证了灭弧室在运行过程中的真空度.Miller 等人对 CuCr 相图的研究表明,低温下 Cu、Cr 几乎不互溶.高温下 Cr 可少量溶于 Cu,这样既保证了高温复合过程中 Cu、Cr 两相的浸润,又保持了低温时两组元之间的独立性,从而保持两组元各自的优导特性,使得 CuCr 合金触头表现出优良的综合性能,如具备较高的耐压水平,击穿强度达 25 kV/mm;低的截流值,平均值为 4～5 A;高的开断能力;好的耐电弧腐蚀特性,以及很强的吸气能力.然而,就某一单方面的性能,CuCr 触头材料还存在明显不足，如耐压不如 CuW，而抗熔焊不及 CuBi，截流值则高于 AgW，而且，由于 Cu 与 Cr 的互溶性差，通过烧结收缩致密化有一定困难. 近年来，通过添加第三组元素来改进解决 CuCr 的某些低性能研究比较多. 为了进一步提高 CuCr 合金的分断能力和耐压强度，采取的主要措施是：1. 在 CuCr 合金中加入能起弥散强化作用的物质如 Al_2O_3 等；2. 在 CuCr 合金中加入 Ta、Nb 等难熔金属；3. 在 CuCr 合金中加入 Fe 等提高绝缘性和降低截流值的金属或非金属. 而为提高 CuCr 合金的抗熔焊能力在 CuCr 合金中添加铋、锗形成的 CuCrBi(Te)合金触头材料国外已经作为常规材料而大量应用，如东芝和西门子等. 为降低 CuCr 合金材料的截流值添加的组分有三类：金属氧化物、金属化合物和金属碳化物. 金属氧化物多采用 Bi_2O_3；金属化合物曾有报道使用 Ag_2Se，$Cu_3Cr_2Te_4$ 等，有人认为后者较难合成；金属碳化物主要是 Mo 和 Cr 的碳化物.

关于铜铬合金触头材料另一关注的问题是 CuCr 触头的含气量问题. 一般认为含氧量高则难以保证真空灭弧室开断后的真空度或动态真空度，同时，由于氧化物功函低. 热电发射容易，难以保证开断能力，尤其是近年来许多试验表明，含氧量高的触头重燃几率较高. 认为开断 50 kA 以上电流时，要求触头含氧量应小于 200 ppm，并且含 N_2、H_2 亦应小于 10×10^{-6}，才能满足灭弧室动态真空度的要求. 为了降低 CuCr 触头的含氧量，东芝公司及丁秉均等分别研究了铬粉真空热碳还原工艺. 丁秉均、王笑天教授进而研究了碳对改善抗熔焊性能的影响.

1.1.3 触头材料基本制造工艺

触头材料的制造工艺，可分为两类，一类是传统工艺，大致可归纳为三种：一般粉末冶金法(混合烧结法)、熔渗法(浸渍法)和合金内氧化法；另一类是有利于提高触头材料性能的粉末冶金新工艺，如纤维强化法、间接重复挤压法、烧结挤压法、等静压法、机械合金化(高能球磨)、离子注入、电弧熔炼和电火花成型烧结法等.

(1) 混粉烧结法

混粉烧结是一种常规的粉末冶金生产工艺即混粉-压制-烧结. 它广泛地应用于各类触头材料的制备. 按致密化途径不同又可分为固相烧结和液相烧结.

固相烧结是将几种组合的粉末颗粒按一定比例混合,压制成形,然后在低于组合的熔点下和保护气氛中烧结. 这种方法虽然能适用于各种组分,但不能形成金属骨架和所要求的一定比例数量的孔隙度,实际中这种方法已不多用.

液相烧结是将一定粘度的粉末原料按一定比例充分混合,压制成型,然后在高于低熔点组合和低于高熔点组合的温度下并在保护气氛中烧结. 由于烧结时存在液相,促进了烧结致密化,能够得到密度较高的材料. 但这种方法目前国外应用不多. 混合烧结工艺简单,成本低,但难以保证致密化要求. 为了提高致密化程度,将混粉烧结后的材料,经复压等冷加工或热挤、热锻、热等静压等热加工手段提高材料密度.

(2) 熔渗法(浸渍法)

熔渗法是生产难熔金属与低熔点金属假合金常用的方法. 其工艺为(以 CuCr 或 WCu 为例): 将 Cr(W)粉或带有少量诱导铜粉和其他添加组合粉末压成坯块,通过烧结形成 Cr(W)骨架,然后在还原气氛中(H_2、N_2)或真空烧结炉中,在高于铜的熔点温度下,通过毛细管现象,使熔融的铜渗入 Cr(W)骨架,进而制成所需的复合材料.

利用熔渗法制造的触头合金可获得较好的电性能和较高的致密度,但是对高 Cu 量(>50%)的触头合金则不能用此法生产,由于目前该法工艺简单,性能稳定而被国内外厂家所广泛采用.

(3) 合金内氧化法

合金内氧化法是首先把组分按配比熔炼成合金,然后经轧制(锻打或拉拔),冲压成触头(或打成铆钉),最后进行内氧化处理. 此法制成的触头具有较高的密度和较好的抗电弧腐蚀性.

合金内氧化法大多用于制造银氧化镉、银氧化锡等触头,但在用此法生产较大触头时，由于氧在试样表面从中心扩散，就在触头中心存在一个“贫镉区”，从而使抗熔焊、耐电弧腐蚀性在使用过程中逐渐变坏.为此，采用改进粉末冶金法（用喷雾法或高能研磨法或固相扩散法制成合金粉末，再在空气或氧气中把合金粉末氧化或复合粉末，然后压制、烧结以及挤压或连续轧制等特殊工艺制成触头材料），或多层复合、单面内氧化、添加元素、提高内氧化速度、细化氧化物粒子、增加氧化物在银基中的弥散程度等办法加以解决.

1.1.4 触头材料的新工艺、新技术

(1) 纤维强化冶金工艺

用难熔金属纤维代替其粒子，使纤维具有一定的方向性，这样制备的合金不仅导电率有所提高，而且还能控制难熔金属的氧化飞溅，而获得耐电弧腐蚀的优良触头.美国西屋公司用钨纤维代替钨粒子来制造铜钨触头材料，其损蚀量比粒子弥散型合金减少了1/3.美国还用此法制造了铜石墨滑动触头和电刷，其接触电阻低、通过的电流密度大、耐磨性好.

德国和日本在银基体中应用连续的镍纤维制造银镍触头材料.其损蚀量比一般用混合烧结工艺制造的银镍触头减少50%，其拉伸强度提高80%.此外，还发展了具有纤维结构的银氧化镉触头材料，首先将氧化镉粉填入银管中，经捆扎、拉制、扩散焊等工序制成触头材料，其电寿命比内氧化法的高13%，通过的极限电流强度也高得多.此法也可用于制造银镍材料，其工艺是把镍丝插入银管中，拉至ϕ5 mm，进行定长剪切，并将约5 000根并放在一起，然后插入钢管中，通过轧制、锻造或拉丝剧烈变形，以化学和机械方式除去钢套，复合丝经拉丝或轧制达到最终尺寸.所制材料的电气性能优良，银含量降低，可靠性提高，熔焊、粘结故障也大大减少.

(2) 间接重复挤压工艺

这种工艺是由德国首先发展的.在制备银石墨和铜石墨触头时，首先将石墨粉料填充到银或铜管中（外径为ϕ30 mm，内径则取决于

复合物的石墨含量），把这种管两端密封加热挤压成棒，沿其长度方向切断并编排成束，再次挤压．经多次重复这种工艺，一直达到所需要的结构为止．这种方法可得到密度高、延伸性好的产品．

（3）烧结挤压（轧制）工艺

该工艺是粉末冶金法生产触头时提高材料致密性和加工性的有效方法．熔铸合金用挤压法加工，也能使性能提高．德国 Degussa 公司生产的常用低压触头如银氧化镉、银氧化锌、银石墨、银氧化锡、铜石墨、银镍等均采用这一工艺．烧结挤压触头的密度接近理论值，其金相结构呈纤维状，电寿命比用一般粉末法生产的高几倍．其制法是将准备好的粉末装入特制的模具中，通入直流与中频叠加电源，通电后，粉末粒子间隙产生微放电现象，不仅将电阻加热的热能用于烧结扩散，还利用中频电场作用助长金属扩散，并且利用交变磁场的作用，短时间内高效率地制取组织均匀、高强度、高密度的烧结制品．此外，Degussa 公司的银氧化镉、银氧化锌、银氧化锡、银石墨触头的焊接银层是挤压而成的，而且复合得十分牢固．其方法是采用烧结挤压工艺获得覆有银层的型材，利用锯床按需要的长度沿型材轴线的垂直方向切断，再用专用切片机将锯下的片材沿轴线方向自动切割分离，从而获得单面复有薄银层的触头制品．这种方法是该公司的专利之一．日本、美国、英国等国也采用烧结挤压工艺生产某些触头材料．德国用烧结轧制法生产 AgNi30－40 触头材料．

（4）等静压技术

这种方法适合制备大型、异型触头．或者是为了减少合金触头中的残余气体，提高压坯的强度、密度，改变以往在混料时加入润滑剂的做法，可采用该方法．德国 Doduco 公司利用液等静压机制备的材料坯块，每个单重 40～50 kg，尺寸为 ϕ80～ϕ120×400 mm．若采用热等静压方法制备触头，其密度可达理论密度的 99.99%，其性能远优于其他方法制备的触头性能．吕大铭等[7]采用热等静压工艺制取铜铬系真空触头材料使材料达到接近完全致密化，解决了目前其他方法生产的制品存在较多孔隙的弊端；并研究了钨铜触头材料的热等静压处理[8]，发现对于 W60Cu40 触头材料，经热等静压处理后，材料密度、硬度、抗弯强度和电导率均大幅提高，效果良好.

(5) 超声波场中压制成形

将混合好的合金粉末装入模具中，并使模具中的粉末处于超声波场中，在超声波作用下. 使粉末坯块致密，可比常规压制获得较高的密度.

(6) 电弧熔炼法

用传统的粉末冶金法制取的电工合金具有粉末冶金材料所固有的缺陷——不致密. 这种松散的结构会降低触头的开断性能，而传统的铸造法不能制造出任意比例的触头合金，电弧熔炼法可改善这一情况.

电弧熔炼法是先用粉末冶金法(一般是混粉烧结)将所要求的触头合金(如铜钨、铜铬)做成电极，再在自耗电弧炉内进行熔化，从而制得晶粒细小、比重偏析小、致密度高以及抗电弧腐蚀性好的触头材料.

(7) 机械合金化(高能球磨)方法

它是70年代初兴起的制作弥散强化合金的一种新工艺. 把基体金属粉末与其他金属粉末或氧化物粒子与钢球一起装入高能球磨机中，抽空后充入氩气，然后进行球磨，将合金化的粉末过筛去除大颗粒，再装入钢套(或其他金属套)中成形(有的需要抽空、封焊、热挤压)，再经热处理，粉末易发热，为防止粉末被氧化，球磨罐内部必须充惰性气体，外部需用水冷却. 这种球磨机的转速为125～300 r/min，钢球直径6～10 mm，钢球与粉末的重量比一般大于10，工作效率很高.

(8) 离子注入

离子注入技术自70年代中期推广应用于金属材料表面改性以来，已被人们所重视，并已取得一定的成果[9]. 在强电场作用下，把某些金属元素离子强行注入到触头材料表面，可大大改善触头的某些性能，如耐电弧腐蚀性、抗硫化性能等. 徐式如等[10～12]曾对多种接触器、舌簧继电器等电器触头进行离子注入试验，结果显著地提高了触头的抗电弧侵蚀、抗硫化等性能，从而大大延长了使用寿命.

1.2 纳米技术在制备电接触材料中的应用

自 1984 年德国的 Gleiter 教授[13]等人首次采用惰性气体凝聚法制备了具有清洁表面的纳米粒子和采用真空原位加压法合成了纳米固体后，世界上兴起了纳米材料研究热. 纳米材料由于其小尺寸效应、表面效应、量子效应和宏观隧道效应，从而使纳米材料具有传统材料所不具备的新性质、新性能. 纳米技术在材料领域通过纳米粒子以及各种超微细的组织结构，导致产生出许多新的具有优异性能和新的应用可能的纳米复合材料. 采用纳米技术制备的新材料由于组成晶粒超细，大量原子位于晶界上，因而在机械性能、物理性能和化学性能等方面都优于普通的粗晶材料.

在纳米材料的制备技术中，主要有以下几个方面：高能球磨和机械合金化技术；化学合成工艺和技术；喷雾合成技术；等离子电弧合成技术；电火花制备技术；激光合成技术；磁控溅射技术；燃烧合成技术等. 通过这些技术可以获得具有高精度纳米结构的材料. 这些技术目前在纳米材料的制备中均得到了广泛的应用.

在电接触材料领域中，纳米技术已经开始了探索性的研究和应用. 已有一些研究表明[14~18]：应用纳米技术制备电接触材料，其机械物理性能和电性能均得到了不同程度的提高. 近年来，纳米技术在制备电接触材料中的应用如下[19]：

1.2.1 纳米技术在 Cu 基合金触头材料中的应用

CuCr 合金由于具有高的耐电压强度、大的分断电流能力、良好的抗熔焊性以及较低的截流值等优异性能，是目前广泛用于真空断路器的触头材料[20]. Werner F R[21]研究发现，CuCr 材料的显微组织对其电性能有很大的影响，随着材料晶粒的细化可使真空灭弧室绝缘强度升高，最大截流值降低，综合性能有很大改善. 丁秉钧[22]发现晶粒尺寸约为 70～150 μm 的 CuCr 材料，经老炼后表层 Cr 颗粒细化至 1～2 μm，材料耐电压强度提高了 2～3 倍，截流值也有明显降低. 西门子公司采用电弧自耗电极熔炼法获得的 CuCr 触头材料晶粒很细，大小只为熔渗法制备的十分之一，能可靠地分断 36 kV/40 kA 或 12 kV/63 kA的短路电流[23]. 因此，制备出晶粒更加细小、具有均匀组织结构的纳米晶 CuCr 材料，具有重要的理论价值和广阔的应用前景. 因而纳米技术在 CuCr 系触头材料上的应用也是报道较多的.

李秀勇[24]等人采用机械合金化工艺(高能球磨转速 600 r/min，球料比 10∶1，球磨时间 16 h，在 Ar 气保护气氛下球磨)得到平均晶粒尺寸为 32 nm 的 $CuCr_{50}$ 过饱和固溶合金粉，而后采用 580℃真空缓慢热压工艺制备了具有较高电导率的纳米晶 $CuCr_{50}$ 块体触头材料，其平均晶粒尺寸为 67.3 nm，平均击穿电压强度为 1.52×108 $V \cdot m^{-1}$. 胡连喜[25]等人采用机械合金化(球磨转速 350 r/min，球料比10∶1，球磨时间 45 h，Ar 气保护气氛)及热静液挤压技术(挤压比 16，挤压温度 600℃)制备得到晶粒尺寸 100 nm 左右的高强度高导电性的 Cu-5%Cr(质量分数)挤压块体材料，抗拉强度高达 800～1 000 MPa，相对电导率为 55%～70%IACS，同时合金仍保持较好的塑性，其延伸率可维持在 5%左右. 他认为该方法制备的 Cu-5%Cr 合金性能提高有两方面的原因：一方面，在机械合金化过程中形成了 Cr 在 Cu 基体中的超饱和固溶，在随后的热挤压制备过程中析出产生沉淀强化；另一方面，由于机械合金化过程使合金晶粒充分细化和均匀化而引起细晶强化，同时未固溶的 Cr 粒子细化后起到了弥散强化的作用.

王亚平等[26]通过高能球磨制备出 $CuCr_{50}$ 纳米合金粉，经爆炸压实后在透射电镜下观察得出粉粒内晶粒尺寸在 20 nm 以下，其衍射花样呈现出纳米晶环的特征. 该纳米合金粉经 920℃热压成形后，对其在真空中的电击穿行为考察表明，由于机械合金化过程使材料中 Cr 相固溶度升高，导致材料电击穿机制发生变化，首次电击穿发生在

Cu 相上,不同于常规 CuCr 合金首次击穿发生在 Cr 相上的情况. 作者分析认为其原因在于机械合金化过程中 Cr 相中固溶的 Cu 在热压烧结过程中不能完全析出,Cr 相中过饱和 Cu 的存在提高了 Cr 相的耐电压强度,因而首次击穿发生在 Cu 相上.

Morris M A 和 Morris D G[27]采用熔甩技术制备了含 2%和 5% Cr 的纳米晶 CuCr 合金. 他们在氦气气氛中将配比好的 CuCr 合金在石英坩埚中熔化,将熔体在氦气氛中通过石英喷嘴喷射到以 36 m/s 旋转的铜-铍合金制成的转盘上,制备出 30 μm 厚、3 mm 宽的 CuCr 合金条带,条带中 Cr 粒子尺寸小于 100 nm. 该材料机械性能和电性能都较常规 CuCr 触头材料有较大提高.

文献[28]中还介绍了一种雾化法可制备得到纳米晶 CuCr 合金粉末,再用传统的粉末冶金方法使雾化粉末致密化即可得到细晶的 CuCr 触头材料,其物理性能列于表 1.1. 对这种合金进行耐电压性能测试表明,雾化法制备的 CuCr 触头在无电流分合闸操作后,表面更为光滑,从而具有更高的耐电压强度;而常规 CuCr 触头经老炼所得到的表面细晶在分合闸后被破坏,暴露出下层的粗晶组织,耐电压强度大为降低.

付广艳[29]利用磁控溅射制备 CuCr 合金涂层材料并结合文献[30~32]系统研究了不同工艺制备的 CuCr 真空触头材料的高温氧化行为. 溅射参数如下:电压为 700~750 V,功率密度为 5 W/cm^2,氩气压力为 0.5 Pa,基体温度为 300℃,溅射时间为 9 h,溅射层厚度约为 25 μm. 所制备的溅射 CuCr 合金涂层两相颗粒极细,用透射电镜测得其晶粒大小约为 15 nm. 作者发现含 90%Cr 的铸态 CuCr 合金[30]、含 50%Cr 的粉末冶金 CuCr 合金[31]及含 40%Cr 的机械合金化 CuCr 合金[32]在空气中高温氧化均未形成单一的 Cr_2O_3 膜,而纳米晶 $CuCr_{40}$ 合金涂层却形成了单一的 Cr_2O_3 膜,经分析认为晶粒细化对活泼组元的选择性氧化有重要影响,晶粒细化可使活泼组元的扩散方式以晶界扩散为主,从而降低了活泼组元发生选择性氧化的临界浓度.

表 1.1 雾化 $CuCr_{25}$ 合金的物理性能

材 料	维氏硬度(HV10)	密度(g/cm^3)	电导率($m/\Omega mm^2$)
$CuCr_{25}$	105	8.00	29.5

CuW 合金是一种重要的应用于中等电压(1～36 kV)真空负荷开关和接触器的触头材料. CuW 两组元属于非互溶体系,这一混合体系具有正的混合焓,通过常规的熔炼方法得不到合金,而纳米技术中的机械合金化工艺在制备性能优异的纳米晶材料的同时还能方便地制备合金,并能实现非互溶体系的合金化. 张启芳[33]研究了机械合金化制备 $W_{80}Cu_{20}$ 的合金化过程,证实了 Cu 固溶在 W 中形成了置换固溶体,得到了晶粒尺寸 10～20 nm 的纳米晶 CuW 复合材料. Mordike[34]通过机械合金化工艺制备了(1, 2, 4, 6, 8, 10)%W 含量的纳米晶 Cu－W 复合粉末,压制、烧结和冷挤压后,制备了 Cu－W 复合材料,研究发现: 超细的强化相颗粒(W 颗粒)均匀分布在基体上,起到了很好的细晶强化和弥散强化的作用,且 W 颗粒和基体 Cu 之间粘结较好,使材料的硬度、抗机械和电磨损性能提高. Tousimi K[18]采用机械合金化制备了非互溶体系 Cu－W($Cu_{80}W_{20}$)纳米晶复合材料,由于材料的致密度较低,含有较多的气孔,因而硬度稍低于常规的触头材料,但这一材料具有相当好的电导率. 通过调整粉末的成型烧结工艺和随后热处理,可以使材料的硬度和电导率得到较佳的配合.

1.2.2 纳米技术在 Ag 基合金触头材料中的应用

AgNi 触头材料不仅具有良好的导电性、耐电损蚀性以及低而稳定的电阻外,还具有良好的塑性和可加工性能,唯一的缺点是抗熔焊性稍差. 郑福前[35]等人通过机械合金化工艺制备了 Ag－10Ni 纳米晶触头材料,该材料同常规机械混粉粉末冶金的触头材料相比,Ni 粒子在 Ag 基体中的分布情况要细小、均匀而且弥散得多. 与化学共沉淀、机械混粉法制备的合金触头的电接触试验对比表明：采用机械合金化制备的 Ag－10Ni 纳米晶合金无任何粘着和熔焊现象，明显优于另外两种工艺制备的材料. 其原因在于强化相粒子 Ni 从亚稳的 Ag－Ni 固溶体中脱溶出来，在 Ag 基体中细小而弥散分布，明显地提高了合金的力学、电学和电接触性能. 为进一步提高 Ag－Ni 系触头材料的抗熔焊性，采用机械合金化技术，日本[36]已成功研制出了断路器用具有高的抗熔焊性的 Ag－Ni－C 纳米晶触头材料，并申请了专利. 由此可见，纳米技术所制备的 Ag－Ni 材料可以明显地提高其抗熔焊性. 最新的研究结果[37]表明：采用机械合金化工艺和热压技术，可以成功地制备致密的块体亚稳态纳米晶 $Ag_{50}Ni_{50}$ 合金，该合金具有过饱和的固溶度. Ag 在 Ni 中的为 0.45％±0.11％（摩尔分数），经 600～700℃退火处理后，Ag 在 Ni 中的固溶度变为(0.21～0.24)％±0.11％（摩尔分数）. 其中，机械合金化粉末的晶粒度为 6 nm，热压后长大到 40～60 nm，退火后为 100～110 nm，但对于该材料的机械物理性能和电性能尚未见报道.

AgMeO 触头材料耐蚀性好、抗熔焊能力强、接触电阻低而稳定，如 AgCdO、$AgSnO_2$、AgNiO、AgZnO、AgCuO、$AgSnO_2In_2O_3$. AgMeO 触头材料的物理性能和电性能主要由所采用的制粉工艺决定，也就是粉末混合均匀程度和氧化物相在银基上的分布有关，亦即制成材料中弥散相的粒度和粒子分布是决定材料性能的关键因素. 文献[38]采用机械混粉法、喷涂-共沉淀法制备了 Ag－10.8ZnO 粗晶触头材料，同时采用机械合金化法制备了相同成分的纳米晶触头材料. 研究结果表明：机械合金化法制备的纳米晶材料由于材料基体晶粒细化所产生的细晶强化机制以及 ZnO 强化相在银基上呈现了较佳的弥散分布所带来的弥散强化机制，提高了触头材料的硬度值(具体的性能数据见表 1.2)，使触头在使用中的抗机械磨损性能和电寿命有了很大的提高. Joshi P B[39]采用机械合金化法制备的 AgMeO 类纳米晶触头，与采用常规的粉末冶金工艺制备的 AgCdO、$AgSnO_2$ 粗晶触头相比，前者具有优良的性能：硬度高，密度几乎等于其理论密度，电导率高，氧化物在银基体中弥散分布. Lee G G[14]通过MA工艺制备了 $AgSnO_2$ 纳米复合粉，经电镜观察发现纳米 SnO_2 颗粒均匀弥散分布在较细的银的基体上，利用热挤压技术制备了致密的纳米 SnO_2 颗粒弥散强化细晶 $AgSnO_2$ 触头材料，该材料是一种性能良好的电触头材料. Zoz H[16]将机械合金化的反应球磨技术应用于电触头材料的制备中，通过将 Ag_3Sn 和 Ag_2O 高能球磨，借助于反应 $Ag_3Sn+2Ag_2O \rightarrow 7Ag+SnO_2$ 制备了纳米尺度的 SnO_2 高度弥散分布在银基上的 $AgSnO_2$ 触头材料，提高了材料的综合性能.

表 1.2　三种不同工艺制备的 Ag－10.8ZnO 触头材料性能

工艺方法	烧结密度（%理论密度）	热压密度（%理论密度）	硬度（HV）	电导率（$m/\Omega mm^2$）
机械混粉法	89.6	98.6	77	41.8
喷涂共沉淀法	92.2	97.9	88	42.3
机械合金化法	73.9	99.9	106	41.8

注：机械合金化工艺：球料比为 17：1，球磨时间 4 h，转速 300 r/min

AgC 电接触材料由于具有良好的抗熔焊性和导电性、低而稳定的接触电阻以及优异的低温升特性，被广泛应用于各种各样的保护电器上. 但由于石墨有稳定电弧的倾向以及在空气中的热稳定性差，因而该材料的抗电弧腐蚀性能相比其他类型触头材料较差. 目前主要采用烧结挤压法以及纤维强化等工艺手段来提高该材料的机械性能和电性能. 对于这一体系的纳米技术应用尚未见其他研究者报道，仅见作者及其课题组研究成果[40～46].

从近年来纳米技术制备电触头材料的应用来看，这些研究尚处于起步阶段，最主要的应用是高能球磨技术和机械合金化技术，此外，也用到了一些烧结技术如：热压技术、热挤压技术、真空缓慢加热技术等. 更深一层和更先进的技术期待着我们的尝试与应用，有望进一步提高电触头材料的性能.

1.3 化学镀制备电接触材料研究进展

材料科学的发展,不仅取决于新材料的研究和开发,而且取决于材料制备工艺的发展.而制备工艺是在解决传统工艺方法的局限性和材料制备新问题的基础上逐渐完善和发展起来的.如复合粉末混合不均匀、复合材料中第二相与基体界面结合的界面状态以及物理和化学相容性等.正是基于解决这些问题的基础上,液相包覆技术取得了不断的进展,乃至于成为材料制备工艺中一种重要方法,也是现代材料科学工作者研究的一个热点[47].所谓液相包覆技术就是通过化学的方法,在液体中对粉末颗粒表面包覆涂层的技术,它是制备包覆粉末的一种技术.

化学镀是一种在制备电接触材料中应用较为广泛的液相包覆技术.化学镀[48]是指不外加电流的条件下,在金属表面的催化作用经控制化学还原法进行的金属沉积过程.所谓还原法是指在溶液中直接加入还原剂,由于它被氧化后提供的电子还原沉积金属镀层的方法.由于化学镀的特性,使其有着较广泛的应用前景.

在电触头材料中,银基电触头材料是一类应用比较大的触头材料.采用包覆法制备触头材料粉末已经应用于 AgNi、AgCf、AgWC、Ag-WC-C[13,51~55]等银基系列触头复合粉末的制备中.利用化学镀原理的包覆工艺可以改善添加相在基体中的分布,提高不润湿材料间的物理结合强度.在 AgC 系和 Ag-WC-C 系中,由于 Ag、WC、C 之间润湿性较差,比重悬殊较大,为改善其机械混粉造成的成分偏析和混合不均匀现象,人们[49~54]引入了化学镀技术对 WC 和 C 包覆银来改善这类电触头材料的性能.李玉桐[50~52]在研究 Ag 包覆 WC、C 粉末制备的触头材料时发现机械混合粉末触头材料中石墨偏聚形成黑色条状物,而经包覆后,这种团聚基本消除.同时,Ag 包覆粉末触头材料各项性能均优于机混粉末触头,其中电阻率下降了 18%~20%,抗弯强度提高了约 80%.其原因在于包覆后改善了 Ag 与 WC、

C的结合界面和改善了混合的均匀性，具体性能指标如表1.3所示.

表1.3　制造方法和成分对触头性能的影响[50]

试样成分	制备方法	密度 (g/cm^3)	硬度 (MPa)	电阻率 $(\mu\Omega\cdot cm)$	抗弯强度 (MPa)
Ag-12WC-3C	包覆法	9.6	740	2.55	320
同上	机混法	9.6	660	3.15	190
Ag-20WC-3C	包覆法	9.9	820	3.05	280
同上	机混法	9.8	750	3.65	150

此外，孙常焯[49]还将化学镀技术应用在银-镍触头的制备中，大大改进了粉末的表面结构，改善了其导电性、加工性和使用性能.通过对碳纤维进行化学包覆银，合肥工业大学的颜士钦[55]等制备出了碳纤维/金属基复合材料.碳纤维包覆银后，提高了纤维和基体金属银的浸润性以及碳纤维的分散性，从而制备了具有良好的导电性、抗熔焊性、耐磨性的金属基复合功能材料.可以看出，将化学镀技术应用于制备电触头材料，可以提高触头材料的性能.

1.4　本论文课题的提出

银基电触头产品具有较好的耐电磨损、抗熔焊和导电性，且接触电阻小而稳定，因此广泛应用于各种轻重负荷的低压电器、家用电器、汽车电器、航空航天电器，是电触头行业中最为量大面广的产品[56].其中银石墨触头材料由于其高的抗熔焊性、低的温升特性和稳定的接触电阻等特点而成功地应用在电路断路器等领域.虽然AgC的抗电弧腐蚀性能低于其他几种触头材料，但是由于它具有良好的抗熔焊性和低温升特性，它广泛地应用在开关电器中，是触头市场中用量很大的一种材料.目前的研究工作集中在不降低它的抗熔焊性的同时，如何更好地提高它的抗电弧腐蚀性能.对AgC体系触头材料的研究，文章报道甚少，尤其是在应用纳米技术制备新型 AgC 触头，目前尚未见其他研究者报道. 因此，我们选择了研究纳米技术在制备新型 AgC 电接触材料中的应用并对其性能进行系统研究. 目前我们已经取得了一定的研究成果[40～46].

AgC 触头材料具有导电性好、接触电阻低而且特别稳定、良好的抗熔焊性以及优异的低温升特性. 石墨的主要作用是阻止触头粘接和熔焊，并且它不形成任何的绝缘物使接触电阻变大. 银和石墨的性能如表 1.4 所示.

表 1.4　银和石墨的性能[57]

物质＼性质	熔点（℃）	沸点（℃）	密度（g/cm³）	热膨胀系数（μm/m·℃）	电阻率（μΩ·cm）	热导率（J/cm·s·℃）
银	961	2 210	10.5	19	1.6	4.3
石墨	升华点	3 750	2.2	2*	1 400*	1.3*

＊这些值因为石墨的不同取向而改变

对 AgC 触头材料而言，它唯一的缺点是抗电弧腐蚀性较差. 由于石墨存在稳定电弧作用的倾向和在空气中缺乏稳定性等副作用，石墨的引入使得电弧在该材料表面移动性差，灭弧性不好，造成在使用时电弧烧蚀较为严重，其电弧腐蚀量随石墨含量的增加而增大，因此石墨的含量一般在 3%～5%. 在电弧的作用下，触头材料会发生电腐蚀和材料转移过程，触头材料的表面层组织和成分会发生变化. 材料的组织变化往往出现于由于物质转移而引起的凹坑和凸起附近. 研究表明，所有的复合材料均在近工作面发生了微观组织的变化：低熔点、易挥发的填加相贫化；难熔的填加相则在此区域富集，贱金属填加相发生氧化. 在 AgC 触头材料使用过程中，在电弧作用下，开关电弧和触头材料之间的相互作用形成了一种似海绵状（多孔状结构）表面结构[47,60]，由于在电弧的作用下，石墨与环境中的氧和氮作用形成气体，从表面熔融的银池中以气泡的形式溢出，减少了电弧作用下银的飞溅和蒸发，同时在触头对之间形成作用力较小的焊接(该多孔状结构决定). 这是 AgC 材料的电弧烧蚀机理. 在 AgC 材料中，长期稳定的低接触电阻和高的抗熔焊性，可能是由于石墨在触头表面的升华和重新凝聚的结果[58].

在 AgC 触头材料中，材料的制备方法和石墨的加入形态与尺寸对材料的性能有着较大的影响[58~60]. 采用热挤压法来制备 AgC 材料，经烧结挤压后石墨粒子强烈取向，石墨呈纤维状分布于银的基体中. 该方法制备的触头开断动作垂直与纤维取向时，其电弧侵蚀仅为非取向烧结材料和轧制材料的 1/5，耐磨性成倍地提高. Wingert[58]的研究认为：粗颗粒石墨倾向于烧蚀较慢，形成较强的焊接，而细颗粒石墨形成较弱的焊接；在细颗粒石墨的 AgC 材料中，较高的烧结致密度可明显减少烧蚀重量损失. 此外，基于 AgC 材料的电弧侵蚀机理，Behrens[60]等人采用同时加入细颗粒石墨和碳纤维的方法，通过热挤压制备出了抗电弧侵蚀性能明显优于传统的 AgC 的触头材料. 其抗电弧侵蚀性的提高有以下两方面的原因：一方面，采用相对较粗的石墨纤维(粗石墨)，与 O、N 反应的速率大大降低，触头表面的多孔状结构较难形成；另一方面，纤维稳定地存在于银的熔融区，可以减少液态银蒸发损失，因而提高了该材料的抗烧蚀性. 其中细颗粒石墨的存在不会因抗烧蚀性的提高而降低它的高抗熔焊性.

基于纳米材料诱人的特性和应用前景，本论文首次将纳米技术应用在 AgC 电接触材料的制备中，结合还原剂液相喷雾化学包覆技术，研制出性能优异的新型 AgC 触头，并对其机械物理性能和耐电弧磨损性能进行了系统研究，以“产、学、研”相结合的方式，通过与上海电器科学研究所合金分所的合作，将研制出的该新型 AgC 触头小规模产业化并批量供应市场，实现科研院所新的变革，增强和塑造科研院所面向市场的核心竞争能力. 本论文的主要研究内容包括下列几个方面：

1. 目前还未见其他研究者报道将纳米技术应用在电接触材料 AgC 体系中. 因此，在 AgC 电接触材料体系中引入高能球磨技术，研究了该技术的引入对制备出的一维纳米石墨粉、纳米晶 AgC 包覆粉体及其块体触头材料形貌、组织和性能的影响，并研究了高能球磨技术对 Ag、C 间润湿性的影响；

2. 引入化学包覆工艺改善机械混粉触头的成分偏聚和组织不均匀性，采用高能球磨获得纳米级石墨，作为后续银原子非均质形核核心，首次采用还原剂液相喷雾技术，实现了纳米晶 AgC 包覆粉体的制备，利用该粉体良好的烧结致密性能实现了块体触头性能的全面改善；研究了还原剂液相喷雾化学包覆技术的特点及其作用机理；

3. 研究了制备出的纳米晶 AgC 包覆粉体的烧结性能及其块体触头材料的机械物理性能，研究了球磨时间对触头性能及组织的影响以及烧结温度对其性能的影响，并对 AgC 体系三种不同的粉体制备工艺触头材料进行了组织和机械物理性能对比分析并建立了简要的机理模型分析，并研究了纳米晶包覆粉的配比添加对常规机械混粉触头性能的影响；

4. 将制备出的新型 AgC 触头安装在 ASTM 机械式低频断开触头材料寿命试验机上进行了电弧磨损分断试验，测试并研究了该新型触头材料的耐电弧磨损性能及其电弧腐蚀特征，并对其耐电弧磨损性能提高的机理进行了分析与探讨；研究总结了 AgC 体系触头在电弧作用后材料表面层组织和成分的变化特征；

5. 将研制的新型 AgC 触头材料应用在上海施耐德低压终端电器有限公司及北京 ABB 低压电器有限公司生产的小型断路器上，经国家低压电器质量监督检验中心做运行短路能力测试，并对其测试结果及触头测试后的工作面组织进行了分析研究；

6. 在高能球磨结合还原剂液相喷雾化学包覆技术以及粉末冶金工艺的基础上，添加适量碳纳米管作为纤维增强体，制备出碳纳米管增强新型银石墨电触头材料并申请了国家发明专利，观测并研究了该材料的粉体晶粒度及形貌特征、块体触头的组织、机械物理性能和电弧磨损性能及其耐电弧腐蚀特性.

本论文工作中首次将纳米技术应用在 AgC 体系电接触材料的制

备，采用高能球磨技术制备出纳米石墨粉，作为后续银原子非均质形核核心，首次引入还原剂液相喷雾技术，实现了纳米晶 AgC 包覆粉体的制备，利用该粉体良好的烧结致密性能实现了块体触头性能的全面改善，开辟了一种新的 AgC 触头生产制备工艺，以"产、学、研"相结合的方式，通过与上海电器科学研究所合金分所的合作，成功地进行了小规模产业化并批量供应市场，实现了科研院所新的变革，增强和塑造了科研院所面向市场的核心竞争能力. 从应用前景上来讲，该新型工艺具有良好的经济效益和社会效益.

第二章　研究内容和研究方法

本章对论文工作中采用的试验研究技术方案及路线和研究内容及研究方法进行了阐述,从而为后面的试验结果分析提供理论依据.

2.1　试验的技术方案及路线

在纯金属中,银的导电率、导热率最高,加工性能好.因此,银是最经济的贵金属触点材料.石墨具有较好的导电性,因此,AgC 电触头材料具有良好的抗熔焊性和导电性、低而稳定的接触电阻以及优异的低温升特性.

触头材料的性能除取决于材料的成分外,在很大程度上还取决于制备工艺.特别是粉末的原始状态及活性,对触头的性能影响很大.AgC 触头常规的制备工艺是机械混粉＋粉末冶金,该工艺简单易行、流程少、对设备要求低、材料收得率高、生产成本低,但所得触点组织不均匀、致密性较差、电弧侵蚀率高.化学包覆制粉是继机械混粉和化学共沉淀等传统工艺之后迅速发展起来的新工艺.随着纳米技术在材料制备中的应用日趋成熟,我们设想采用化学镀工艺结合纳米技术,期望在 AgC 体系触头材料的制备中,获得性能优异的新型 AgC 触头材料.

碳纳米管与碳纤维相比,具有强度高、弹性模量大、长径比达 100～1 000、比表面积大、高温稳定而不易与金属反应、减摩耐磨性优良等特性,是一种很有潜在应用价值的纤维材料[61～65].清华大学将碳纳米管用于球墨铸铁表面激光熔覆处理取得了一定的表面强化效果[64,65],但碳纳米管作为纤维增强体以发挥其特性的研究还鲜有报道.鉴于碳纤维增强复合材料广泛应用于半导体支撑电极、导电轨、电刷、电触头、自润滑轴承等[66~69]，预计用碳纳米管替代碳纤维，更能体现其高强高韧、低膨胀、导电导热性好、耐磨等特性. 因此我们的试验方案中也选用了添加适量碳纳米管作为纤维增强体来改善

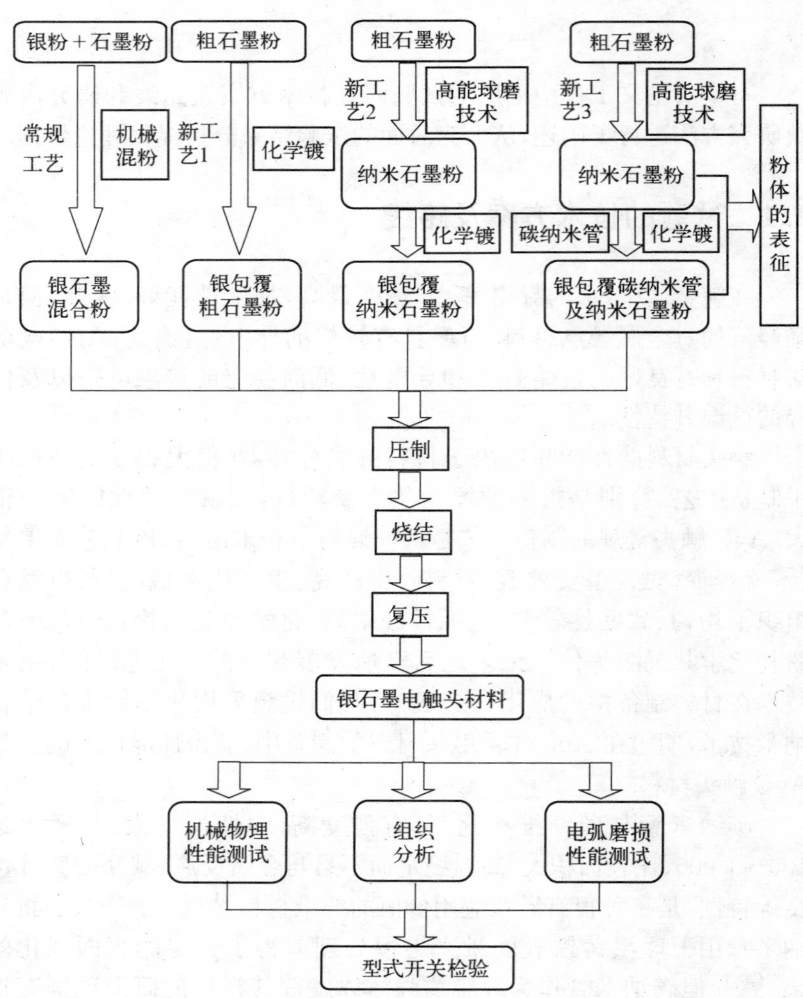

图 2.1　本论文工作的技术路线示意图

Ag－5%C触头的性能.

对比传统的机械混粉工艺，我们引入了 3 种新工艺，这 3 种工艺是 3 种不同的制粉工艺. 新工艺 1 是采用化学镀工艺，对粗石墨粉化学包覆银，来制备银石墨包覆粉；新工艺 2 是引入纳米技术中最接近工业化生产的高能球磨技术，利用高能球磨制备出纳米石墨粉，作为后续银原子非均质形核核心，在纳米石墨上包覆银，获得纳米晶 AgC 包覆粉. 这两种新工艺制备得到了具有不同性能和活性的复合粉体. 而新工艺 3 则是在新工艺 2 的基础上添加适量碳纳米管作为纤维增强体以进一步改善触头性能. 经压制、烧结、复压后，制备得到 Ag%-5%C 触头材料. 通过对这 4 种不同工艺所得到材料的组织、机械物理性能和电弧磨损性能的分析以及型式开关检验，我们研究了这 4 种不同制粉工艺对制备银石墨触点材料性能的影响. 本论文工作的技术路线如图 2.1 所示.

2.2　高能球磨技术及基本原理

2.2.1　高能球磨技术简介

高能球磨技术是利用球磨机的转动或振动，通过磨球与罐壁和磨球与磨球之间进行强烈的撞击，将纯元素粉末或复合粉末进行撞击、研磨和搅拌，把材料粉碎为微细颗粒的方法. 它与传统式低能球磨不同，传统的球磨工艺只对物料起粉碎和均匀混合的作用，而在高能球磨工艺中，由于球磨的运动速度较大，粉末将产生塑性变形、固相相变，从而达到合成新材料的目的. 高能球磨包括机械合金化（Mechanical Alloying，MA）和机械研磨（Mechanical Milling or Grinding，MM or MG）两个概念. 高能球磨技术是制备纳米、纳米晶粉体的一种重要的方法.

高能球磨技术主要的应用是对两种或两种以上的复合粉末进行高能球磨，使粉末合金化同时细化，即机械合金化技术. 机械合金化是由 J. S . Benjamin 及其合作者在 70 年代初为研制氧化物弥散强化镍基高温合金(ODS)而发展起来的一种制备合金粉末的新技术[70]. 它是一种固态下合成平衡相、非平衡相或混合相的工艺，可以达到元素间原子级水平的合金化[71~73]. 经过近三十年的深入研究，这一工艺取得了长足的发展，现已成功应用于制备弥散强化材料、非晶合金、准晶及纳米晶材料、金属间化合物、过饱和固溶体、难熔化合物以及纳米复合材料等. 尤其是在制备非晶、纳米晶及亚稳材料方面，机械合金化是极具有价值的一种实用方法[74,75]. 随着机械合金化技术应用领域不断扩大，这一技术在电接触材料制备中也取得了一定的研究成果.

通过高能球磨技术来制备纳米、纳米晶材料，具有设备简单、产率高、价格相对低廉等特点，而且适宜制备各种类型的纳米晶材料.

2.2.2 高能球磨和机械合金化技术原理

1. 机械合金化原理

所谓机械合金化，就是将欲合金化的粉末按一定的配比混合，在高能球磨机中进行球磨，通过磨球与粉末之间的高速碰撞而引起的挤压、剪切等作用将能量传递给粉末颗粒，使粉末颗粒发生强烈的塑性变形和破碎，而破碎后形成的新鲜原子表面又极易发生焊合，如此不断地重复冷焊、破碎、再焊合过程，使组成结构不断细化；另一方面，复合粉末颗粒表面存在的大量空位等缺陷使原子扩散加速，借助于扩散和固态反应而形成合金粉，实现成分和原子级的合金化.

机械合金化工艺过程的特征是：处于碰撞磨球间的粉末颗粒发生反复的焊合与破碎. 这些微过程主要取决于粉末组成的机械性能. 按照粉末特性可将粉末组成分为三种体系：(1) 延性-延性体系；(2) 延性-脆性体系；(3) 脆性-脆性体系. 对于延性-延性体系的机械合金化机制，普遍接受的是新宫秀夫[76]提出的冲压折叠减薄原理，他认为将两种延性元素的粉末混合压延10次，其粉体厚度将被减薄到原厚度的十分之一，形成非常微小的双层重叠. 在延性-延性体系中，通常将粉末变化分为五个过程(其过程示意图如图2.2所示)：① 等轴状的延性颗粒经磨球与粉末碰撞的微型锻造作用被压成薄片和类

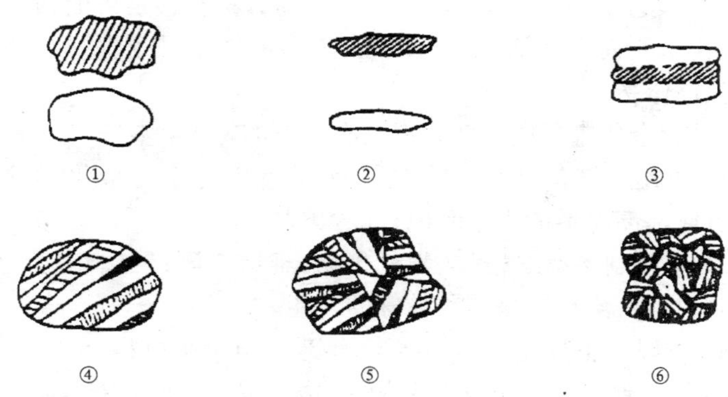

① 原始粉末颗粒；② 颗粒扁化；③ 颗粒焊合；
④ 颗粒等轴化；⑤ 随机取向焊合；⑥ 稳定状态

图 2.2　塑性金属粉末的机械合金化(MA)过程示意图

似于盘片状的颗粒；② 进一步球磨过程中，不断增加的表面使颗粒形成强烈的冷焊形成多层重叠，同时增加了颗粒尺寸；③ 强烈塑性变形引起的加工硬化(应力硬化)使颗粒断裂，形成等轴状颗粒；④ 这些颗粒在继续球磨过程中易于随机取向焊合，借助于扩散作用形成合金粉末(这一过程以扩散和反应为主)；⑤ 冷焊和破碎达到动态的平衡，形成微细的组织结构. 其中合金化过程主要是由于球磨引起的温升以及表面缺陷使扩散的动力大大增加，使元素之间的扩散成为可能，合金化开始于第三阶段的后期，到第五阶段结束. 而在延性-脆性体系中，球磨分为两方面的变化，一方面脆性相球磨破碎而延性基体反复压延、折叠，组织结构细化；另一方面，破碎的脆性相弥散分布到延性基体上. Benjamin 研究的氧化物弥散强化高温合金就是这一体系的典型代表. 在脆性-脆性球磨体系中，就是将粉末与磨球混合，在高能球磨机中进行球磨，通过磨球与粉末之间的高速碰撞而引起的挤压、剪切等作用将能量传递给粉末颗粒，使粉末颗粒发生强烈的塑性变形、冷焊和破碎，而破碎后形成的新鲜原子表面又极易发生焊合，如此不断地重复冷焊、破碎、再焊合过程，使组成结构不断细化；脆性体系中，如 SiGe 体系[77]，通常认为合金化和材料转移是可能的，目前这种合金化机制尚不能清楚理解. 研究较多的体系是延性-延性体系和延性-脆性体系.

机械合金化制备电接触材料具有以下的特点：

(1) 可用来制备过饱和固溶体，使非互溶体系合金化，通过成型工艺，可以提高材料的力学和电性能[50,51,52]；

(2) 可以制备第二相(金属氧化物、难熔金属、硬质相)弥散分布的电触头材料，该材料显示了较好的性能[13,14,53~55]；

(3) 可以制备性能优异的纳米、纳米晶电触头材料[15,16,51,55]；

(4) MA 制备触头材料工艺简单，方便易行，而且更经济[53,54].

目前在电触头材料制备中用到的高能球磨技术也主要是通过将合金粉末高能球磨进行机械合金化，制备得到纳米晶的复合粉，然后通过粉末冶金的方法来制备纳米电接触材料.

2. *高能机械球磨原理*

高能机械球磨的原理与机械合金化原理是比较相似的，只是没有元素的互扩散和合金化的过程. 了解机械合金化的原理，对理解高能机械球磨有较大的帮助. 高能球磨过程中粉末受碰撞变形的示意图如图 2.3 所示.

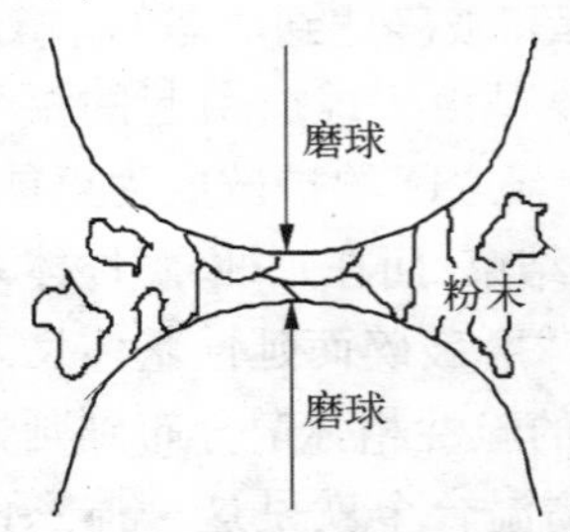

图 2.3　高能球磨磨球与粉体作用示意图

高能机械球磨后纯元素粉末得到了细化，从本质上可以归结为机械化学力的作用. 物料经长时间的研磨和冲击，会引起结构的紊乱、网络的断裂或错动. 球磨后，材料的比表面积增大，晶格发生畸变. 表面会生成许多破键，粉末内部存储大量的变形能和表面能. 高能球磨使颗粒细化，可以大大地提高材料的活性. 粗晶经高能球磨分解为纳米晶的过程可简述如下[78]：在高应变速率下，位错的密集网络组成的切变带的形成是塑性变形的主要机制. 在球磨初期，原子水平的应变因位错密度的增加而增加，当局部区域内位错密度达到临界密度后，晶粒分解为亚晶粒，这些亚晶粒最初被小于 20 度的小角度晶界分隔开，导致应变下降和亚晶粒的形成. 进一步球磨，在材料的未应变部分的切变带中的亚晶粒进一步减小到最终尺寸，而且亚晶粒间的取向最终变成完全无规则的. 进一步的形变只能靠晶界的滑移来完成，这形成了亚晶粒的无规则转动，最终得到的纳米晶相互之间是无规则取向的.

在本论文研究中，主要利用高能球磨提供的高的机械能使粉末破碎和细化，使石墨粉变成一维纳米石墨粉.

2.2.3 行星式球磨机简介

我们采用的高能球磨机为 QM－1SP 型行星式球磨机. 它与振动式和搅拌式球磨机不同，行星式球磨机可采用多罐同时运作，对不同球磨条件和不同成分的机械合金化和机械研磨极为方便，因而它是当前研究中被广泛采用的高能球磨机之一.

图 2.4 为球磨机运转部分的俯视示意图，A、B、C、D 分别为四个

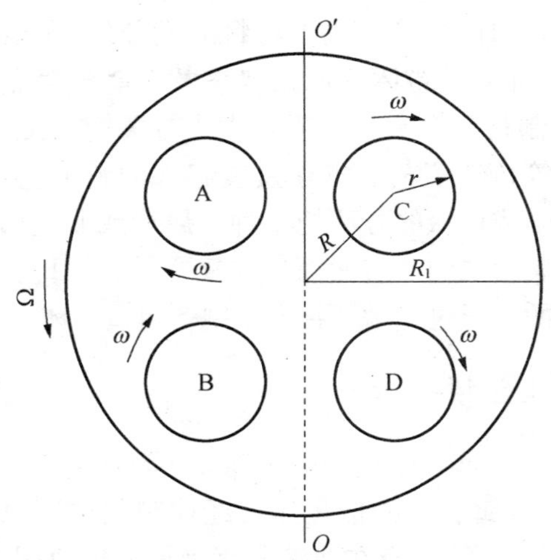

图 2.4 行星式球磨机运转图

罐座，安装在公转盘上. 设公转盘转速为 Ω，自转转速为 ω，公转盘质量为 M，每个罐体质量为 m，在此系统中，公转盘的速度和自转盘的速度如下式所示[79]：

$$\bar{\omega} = -\frac{MR_1 + 4mr^2 + 8mR^2}{4mr^2}\Omega \tag{2.1}$$

行星式高能球磨机中的磨球不仅具有比在普通球磨机中对粉体高出十倍左右的撞击力与撞击频率，同时又在筒底上作复杂运动时对粉体强烈碾压与搓擦，使得磨桶内的粉料能在较短时间内研磨到纳米级[80]. 众所周知，石墨是层片状结构，在平面内是共价键，层与层之间是结合力较弱的分子键[81]，因而在机械球磨力的作用下，很容易破坏层片之间的结构，使石墨变成较薄的片，呈一维纳米结构. 因此，采用高能球磨技术，可以制备纳米石墨. 这已经为我们的试验所证实.

2.3 还原剂液相喷雾化学镀技术及其基本原理

电接触材料的性能除取决于材料的成分外，在很大程度上还取决于制备工艺，特别是粉体的原始状态及性能对触点材料的性能影响很大. 因此，制粉是触头材料生产中十分关键的工艺. 包覆制粉是继机械混粉法等传统工艺后迅速发展起来的新工艺. 所谓包覆制粉就是指利用化学或机械的方法把一种金属粉或非金属粉包覆到另一种金属或非金属粉末颗粒表面而形成复合粉末. 目前，在触头材料制备中应用较多的是通过化学镀技术来制备包覆粉体.

2.3.1 化学镀技术

化学镀[48]（Electroless plating、Non electrolytic）是指不外加电流的条件下，在金属表面的催化作用经控制化学还原法进行的金属沉积过程. 所谓还原法是指在溶液中直接加入还原剂，由于它被氧化后提供的电子还原沉积金属镀层的方法. 它不同于电镀（电镀是利用外电流将电镀液中的金属离子在阴极上还原成金属的过程). 化学镀通常分为三种：置换法、接触镀和还原法. 置换法是利用还原性比较强的金属将溶液中的金属离子还原成金属镀层. 接触镀是将待镀的金属工件与另一种辅助金属(该金属的电位应低于沉积出的金属)接触后浸入沉积金属盐的溶液中,还原出金属镀层的方法. 从化学镀的品种来看,自 1944 年开发化学镀镍以来,目前已有化学镀铜、银、金、钯、铂,以及化学镀多种合金层和复合镀层(如镍-磷等). 由于化学镀的特性,使其有着较广泛的应用前景.

对于 AgC 触头,石墨的密度为 2.25 g/cm^3,银的密度 10.49 g/cm^3,传统的制造工艺是机械混粉-固相烧结-复压. 由于二者密度相差悬殊,且相互之间浸润性差,经机械混合后,难免存在一定程度的成分偏析和颗粒聚集,从而影响了触头的组织和性能. 此外,由于银与石墨相互之间不固溶且润湿性很差,制备得到的 AgC 机械混合粉不能充分烧结,压制后在石墨与银之间可能存在微细缝隙. 这样的微观组织不仅会使材料的电阻率上升,而且组织疏松、结构强度低下,在热电弧和气流作用下,烧蚀、飞溅、磨损都会增加. 而采用化学镀的方法,可以在石墨的表面利用化学镀技术包覆一层银颗粒,使其相互之间形成物理结合界面,包覆过程是一个以石墨为核心的沉积过程,可以得到银和石墨之间较好的结合界面和润湿,经常规的压制、烧结和复压后,制备得到组织均匀、性能提高的触头.

2.3.2 化学镀银液的组成及反应机理

1. 主盐及络合剂：一般均采用 $AgNO_3$ 作主盐,由它供给 Ag^+. 通过加入 $NH_3 \cdot H_2O$ 使 Ag^+ 以 $Ag(NH_3)_2^+$ 的形式存在,其不稳定常数 PK=7.2.

银氨络合有以下的几个过程：

(1) 氧化银的生成：在硝酸银溶液中加入少量氨水,会生成黑褐色的氧化银沉淀.

$$2AgNO_3 + 2NH_3 + H_2O \rightleftharpoons Ag_2O + 2NH_4NO_3 \tag{2.2}$$

(2) 形成银氨络合物：生成氧化银的溶液中继续加入氨水，氧化银会生成银氨络合物而溶解.

$$Ag_2O + 4NH_3 + H_2O \rightleftharpoons 2Ag(NH_3)_2OH \tag{2.3}$$

(3) $Ag(NH_3)_2NO_3$ 的生成：$Ag(NH_3)_2OH$ 与 NH_4NO_3 反应生成 $Ag(NH_3)_2NO_3$.

$$Ag(NH_3)_2OH + NH_4NO_3 \rightleftharpoons Ag(NH_3)_2NO_3 + NH_4OH \tag{2.4}$$

2. 还原剂：由于 Ag^+ 电位较高，许多还原剂都可以使用，如甲醛、右旋葡萄糖、酒石酸钾钠(Rochelle salts)、硫酸肼、水合肼、乙二胺、乙二醛、硼氢化物、二甲基胺硼烷、内缩醛(aldonic lactone)、三乙醇胺、丙三醇及米吐尔等.

3. 反应机理：Ag^+ 在化学镀过程中还原机理目前仍有争议. 一种解释是 Ag 的沉积与化学镀 Ni、Cu 不同，它是非自催化过程，Ag 的沉积发生在溶液本体中，由生成的胶体微粒 Ag 凝聚而成的. 此说法的依据是在未经活化的表面上也能沉积出 Ag，而且有时能观察到诱导期. 另一种解释则认为 Ag 的沉积过程仍然有自催化作用，只是其自催化能力不强. 其依据是在活化过的镀件表面立即沉积上 Ag，镀浴只在 10～30 min 内稳定. 化学镀银浴不稳定的原因正由于它的自催化过程，使 Ag^+ 容易从溶液本体中还原，更稳定的络合物体系有利于减缓本体反应.

几种常用还原剂的反应过程如下所述. 配液时首先在 Ag^+ 溶液中加入少量氨水，析出黑褐色 Ag_2O 沉淀，再加过量的氨水，则因形成银氨络合物而使 Ag_2O 溶解得到 $Ag(NH_3)_2OH$. $Ag(NH_3)_2OH$ 再与反应产物 NH_4NO_3 进一步形成 $Ag(NH_3)_2NO_3$ 络合体.

用甲醛做还原剂的反应为：

$$2[Ag(NH_3)_2]OH + HCHO \rightleftharpoons 2Ag + HCOOH + 4NH_3 + H_2O \tag{2.5}$$

用酒石酸钾钠做还原剂的反应为：

$$2Ag(NH_3)_2^+ + 2OH^- \rightarrow Ag_2O + 4NH_3 + H_2O \tag{2.6}$$

$$3Ag_2O + C_4O_6H_4^{2-} + 2OH^- \rightarrow 6Ag + 2C_2O_4^{2-} + 3H_2O \tag{2.7}$$

或

$$2[Ag(NH_3)_2]NO_3 + KNaC_4O_6H_4 + H_2O \rightleftharpoons Ag_2O + KNO_3 + NaNO_3 + (NH_4)_2C_4O_6H_4 \tag{2.8}$$

$$4Ag_2O + (NH_4)_2C_4O_6H_4 \rightleftharpoons 8Ag + (NH_4)_2C_2O_4 + CO_2 + 2H_2O \tag{2.9}$$

用肼做还原剂的反应为：

$$4[Ag(NH_3)_2]NO_3 + N_2H_4 \rightarrow 4Ag + 4NH_4NO_3 + 4NH_3 + N_2 \tag{2.10}$$

用葡萄糖做还原剂的反应为：

$$nAg^+ + C_6H_{12}O_6 + 3/2nOH^- \rightarrow nAg + 1/2nRCOO^- + nH_2O \tag{2.11}$$

n 是化学计算系数，与 Ag^+、还原剂浓度有关.

用硼氢化物做还原剂的反应为：

$$4Ag^+ + NaBH_4 + 4OH^- \rightarrow 4Ag + 2H_2 + B(OH)_4^- + Na^+ \tag{2.12}$$

在包覆石墨或碳化钨时，一般选用还原法，即在溶液中添加的还原剂被氧化后能提供电子，还原沉淀出银来包覆粉末颗粒. 采用化学镀在 C 或 WC 上包覆银的机理如下：在含有镀层金属银离子的溶液（$[Ag(NH_3)_2]^+$ 溶液）中加入碳化钨、石墨等粉体颗粒，将其进行均匀地分散，再加入适当的还原剂（如乙二胺（N_2H_4））使银离子得以还原，由于溶液中的被包覆的粉末颗粒起着人工晶核的作用，因而经还原剂还原出的银原子将优先在所加的粉末颗粒的表面成核及长大，形成了C或WC的包覆粉.其反应见式(2.10).

2.3.3 还原剂液相喷雾化学镀技术

传统的化学包覆技术采用的是还原剂逐滴加入到反应溶液中，如图2.5(a)所示；本论文研究对传统的化学包覆技术进行改性，首次通过雾化装置引入还原剂液相喷雾方式，如图2.5(b)所示.这一技术极大地改善了制备出的Ag-5%C触头的各项性能及显微组织(见4.3.3制粉工艺的对比分析).

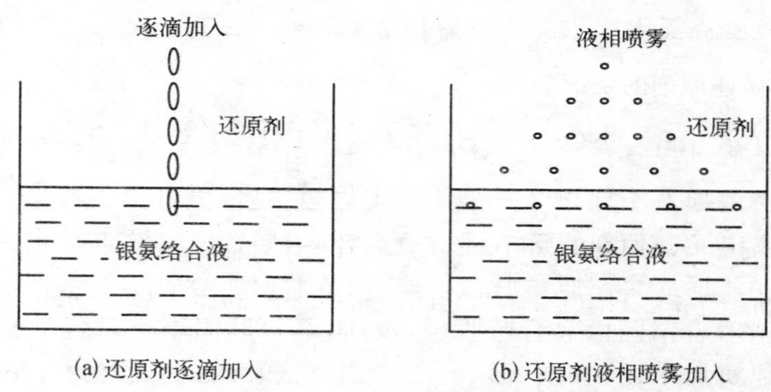

(a) 还原剂逐滴加入　　(b) 还原剂液相喷雾加入

图2.5 化学包覆工艺还原剂逐滴加入方式及液相喷雾加入方式示意图

采用还原剂液相喷雾技术，大大增加了还原剂与反应溶液单位时间接触面积，提高了分散在反应溶液中的C粉充当Ag原子非均质形核核心的几率；同时大大降低了还原剂在反应溶液中的局域浓度，有效抑制了Ag原子长大速率.两方面作用下该技术实现了细化包覆粉体及其晶粒度的作用并改善其包覆效果，更好地消除了C在Ag基体中的成分偏聚.

采用非均质形核法，在石墨表面包覆银的原理是：将石墨作为形核核心，控制覆层物质的生成反应速度，让覆层物质在石墨表面生长.

在被覆基体与覆层前驱物溶液所组成的体系中，覆层前驱物通过沉淀反应形成覆层，覆层析出过程与结晶过程相似[82]，可分成晶核形成和晶核生长两个阶段. 晶核形成过程中会产生两种不同的现象，即均质形核和非均质形核，从均匀的相中形核称为均质形核；当界面、基体及其他结构上的不连续性作为有利于形核的位置(形核基体)时，则这种过程称为非均质形核[83]. 此形核基体的普遍作用是降低形核势垒，促进晶核形成. 当晶核在形核基体表面上生成时，高能量的形核基体与溶液界面被低能量的形核基体与晶核之间界面所代替，这种界面的取代比晶核与溶液界面的创生所需能量要少，所以非均质形核比均质形核容易进行[84].

由相变热力学可知[84]，新相能稳定存在和长大，形成临界晶核时，系统自由焓变化过程中要经历一个极大值，即临界核化势垒 ΔG^*.

对于均质形核，其临界核化势垒为：

$$\Delta G_r = \frac{16\pi\gamma_{SL}^3}{3\Delta G_V^2} \tag{2.13}$$

式中，ΔG_r 为均质形核时的核化势垒，γ_{SL} 为液固界面能，ΔG_V 为液-固相变时，不考虑界面能时单位体积自由焓的变化.

对于非均质形核，其临界核化势垒为：

$$\Delta G_h = \frac{16\pi\gamma_{SL}^3}{3\Delta G_V^2} f(\theta) \tag{2.14}$$

$$f(\theta) = \frac{(2+\cos\theta)(1-\cos\theta)^2}{4} \tag{2.15}$$

其中，θ 为新相与形核基体的接触角.

比较式(2.13)与(2.14)，可以得出如下结论：由于 $f(\theta) < 1$，因此非均质形核临界核化势垒始终小于均质形核核化势垒，即非均质形核比均质形核容易发生. 并且接触角 θ 越小，其临界核化势垒越小，

越有利于核的生成[83].

式[2.13]与[2.14]中的 ΔG_V 可通过反应的摩尔自由能变化计算得到：

$$\Delta G_V = \frac{\Delta G_m}{V_m} \tag{2.16}$$

其中，ΔG_m 为不考虑界面能之外单位摩尔的自由能变化，V_m 为摩尔体积.

根据热力学原理可知，在较小的温度变化区间内，式(2.16)的单位摩尔自由能变化 ΔG_m 变化较小，因此可忽略其变化而假设为定值.

其中 V_m 可通过下式求得：

$$V_m = \frac{M}{d} \tag{2.17}$$

式中，M 为形核物质的摩尔质量，d 为形核物质的密度，当形核物质一定时，M 和 d 均为常数，因此 V_m 也是常数，而 ΔG_m 为定值，故 ΔG_V 也为定值.

γ_{SL} 为新相(覆层粒子)与液相(覆层前驱物溶液)的界面能，θ 为新相与形核基体的接触角. γ_{SL} 与 θ 都是由物质本身的性质决定的[85]，一旦覆层前驱物选定，γ_{SL} 与 θ 确定.

根据润湿性理论，液相对固相颗粒表面的润湿性由固相、液相的表面张力(比表面能) γ_S、γ_L 以及两相的界面张力(界面能) γ_{SL} 所决定. 如图 2.6 所示：当液相润湿固相时，在接触点 A 用杨氏方程表示平衡的热力学条件为[86]：

$$\gamma_S = \gamma_{SL} + \gamma_L \cos\theta \tag{2.18}$$

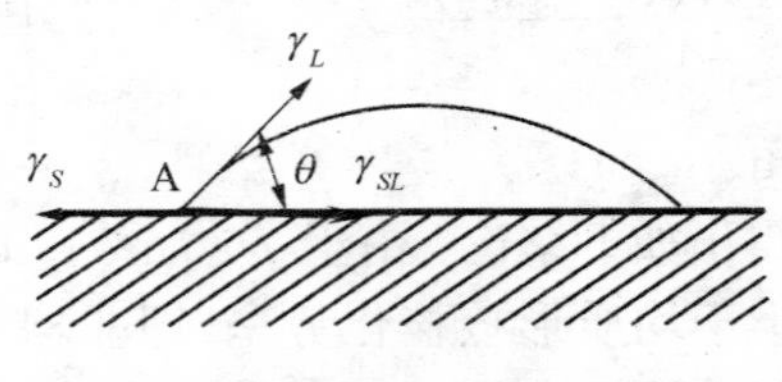

图 2.6　液相润湿固相平衡图

式中：θ——润湿角或接触角

当 $0° \leqslant \theta < 90°$，液相对固相颗粒表面润湿，图 2.6 表示部分

润湿的状态.

影响润湿性的因素是复杂的.根据热力学的分析,润湿过程是由所谓粘着功决定的,可由下式表示:

$$W_{SL} = \gamma_S + \gamma_L - \gamma_{SL} \tag{2.19}$$

说明,只有固相与液相比表面能之和($\gamma'_S + \gamma_L$)大于固-液界面能 γ_{SL} 时,也就是粘着功 $W_{SL} > 0$ 时,液相才能润湿固相表面.所以,减小 γ_{SL} 或减小 θ 将使 W_{SL} 增大对润湿有利.

对于常规粉末冶金材料,固、液相本身的比表面能 γ_S 和 γ_L 不能直接影响 W_{SL},因为它们的变化也引起 γ_{SL} 改变,单纯增大 γ_S 并不能改善固液两相间的润湿性.

液态银对常规粗石墨几乎不润湿,即 $\cos\theta = (\gamma_S - \gamma_{SL})/\gamma_L < 0$,也就是 $\gamma_S < \gamma_{SL}$.本论文中通过对粗石墨进行高能球磨,得到一维纳米尺度纳米石墨粉,与原始粗石墨相比,其比表面积和比表面能大大提高,也就是说 γ_S 有了极大的提高.在高能球磨的作用下,纳米尺度的石墨比表面能的增大幅度可以认为超过了其与液态银间的界面能 γ_{SL} 的改变,这样,在一定程度上高能球磨技术提高了液态银对球磨纳米石墨的润湿性.这一点,在我们后面的试验结果里得到了很好的证实(由于试验条件的限制,粗石墨和球磨纳米石墨的比表面能 γ_S 很难测定).球磨-包覆 Ag-5%C 触头电弧磨损分断试验中,在电弧瞬时高温热冲击下,其工作面上众多的熔融小 Ag 珠和近球形的大颗粒 Ag 能够粘附在基体上而未喷溅剥离基体,充分说明高能球磨技术提高了液态银与球磨纳米石墨间的润湿性(见图 5.8 和图 5.9).

因此对于高能球磨纳米石墨和原始粗石墨比较而言,高能球磨提高了液态银对石墨的润湿性,减小了接触角,因此其临界核化势垒得以减小,有利于 Ag 原子在石墨表面包覆核的形成.

根据非均质形核理论,新相在已有的固相上形核并长大,会使体系表面吉布斯自由能的增加量小于自身形核(均质形核)体系表面吉布斯自由能的增加,即非均质形核优先均质形核.对于本体系,就传统的还原剂逐滴加入化学包覆工艺而言，一开始加入少量的还原剂 N_2H_4，只能生成少量 Ag 原子，因此只能是在少量分散在溶液中的石墨表面包覆，随着还原剂 N_2H_4 的不断加入，将不断产生还原出 Ag 原子，同样根据非均质形核理论可知，新相的核心优先在具有相同或相似的基底上形成，所以随后形成的 Ag 原子将优先在已部分包覆 Ag 原子的 C 粉表面继续形核和长大，并将这些颗粒包裹在一起形成了不均匀包覆和团聚现象. 而且由于还原剂与反应溶液单位时间接触面积有限，一旦溶液中还原剂 N_2H_4 局域浓度过高，一方面将大大促进 Ag 原子长大速率，使得包覆粉体粒度很快增大，起不到细化粉体的作用；另一方面大大增大了 Ag 原子的形核推动力，当它增加到大于 Ag 原子均匀形核临界势垒时，Ag 原子则不能在石墨表面非均质形核生长，而是自身形核生长，形成沉淀，吸附在石墨表面形成局部富集的絮状沉积物，使石墨表面不能均匀包覆，从而造成不均匀包覆和团聚.

本论文工作中采用的还原剂液相喷雾化学包覆工艺，大大增加了还原剂与反应溶液单位时间接触面积，提高了分散在反应溶液中的石墨充当 Ag 原子非均质形核核心的几率；同时大大降低了还原剂在反应溶液中的局域浓度，有效抑制了 Ag 原子长大速率并适当控制了 Ag 原子的形核推动力. 两方面作用下该技术实现了细化包覆粉体及其晶粒度的作用并改善了包覆效果，更好地消除了团聚和成分偏聚.

第三章　粉体制备及其表征

为了整体改善传统机械混粉银石墨电接触材料的机械物理性能和电弧磨损性能，首先要从粉体制备上入手：在本论文研究中引入化学包覆工艺改善机械混粉触头的成分偏聚和组织不均匀性；采用高能球磨获得纳米级石墨，作为后续银原子非均质形核核心，结合还原剂液相喷雾技术制备出纳米晶银石墨包覆粉，利用该粉体良好的烧结致密性能实现了块体触头性能的全面改善.

3.1　试验原料及仪器

石墨粉(Graphite)，C%>99.5%，上海电器科学研究所合金分所提供；

银板(Silver)，Ag%>99.9%，上海电器科学研究所合金分所提供；

浓硝酸(Nitric acid)，HNO_3，工业纯，上海电器科学研究所合金分所提供；

25%氨水(Ammonia solution)，$NH_3 \cdot H_2O$，工业纯，上海电器科学研究所合金分所提供；

水合肼(Hydrazine)，$H_2N-NH_2 \cdot H_2O$，工业纯，上海电器科学研究所合金分所提供；

行星式球磨机，型号 QM-1SP，南京大学仪器厂；

恒温磁力搅拌仪，型号 94-2，上海闵行虹浦仪器厂；

干燥箱，202-AO 型，通州市申通科仪器材有限公司；

分析天平，型号 TG328B，上海精密科学仪器有限公司；

及烧杯、量筒、pH 试纸、布式漏斗等.

3.2 粉体表征仪器及晶粒度分析

扫描电子显微镜(SEM,Hitachi,S－570),日本日立公司;

透射电子显微镜(TEM,Hitachi,H－800),日本日立公司;

场发射电子显微镜(FESEM,JSM－6700F),日本电子株式会社;

X 射线衍射仪(XRD,Rigaku Dmax－rC),日本理学电机株式会社.

对制备的球磨石墨粉采用扫描电镜、透射电镜和场发射电子显微镜分别来观察其结构和形貌,AgC 包覆粉采用扫描电镜进行表征,分析粉体形貌结构;采用 X 射线衍射仪测定包覆粉中基体 Ag 的平均晶粒尺寸. 由于化学法制备粉末样品的峰形宽化是由于晶粒细化和仪器物理宽化的共同贡献,因此在计算晶粒大小时,需扣除仪器宽化效应. 利用在同等条件下测定标准 Si 粉的衍射线形得到仪器宽化量 B_S,将实测 AgC 包覆粉中 Ag 峰的半高宽 B_M 代入下式,求出单纯因晶粒细化引起的宽化度 B 值[13]:

$$B = B_M - B_S \text{ 或 } B^2 = B_M^2 - B_S^2 \tag{3.1}$$

求出 B 值以后,通过下式即可求出粉体的晶粒尺寸:

$$d = \frac{0.89\lambda}{B\cos\theta} \tag{3.2}$$

式中 d 为晶粒尺寸,λ 为入射 X 射线波长.

3.3 纳米石墨粉的制备

试验步骤:

选取球磨机转速 $\bar{\omega}=250$ r/min,球粉比为 30∶1,球磨介质为硬质合金球,球磨在保护介质保护下进行,球磨时间选取为:2 h,5 h,10 h,15 h,20 h,40 h,研究球磨时间对石墨粉形貌和尺寸的影响. 球磨纳米石墨粉作为银原子非均质形核核心，化学镀包覆银后，采用扫描电镜观测球磨得到的纳米石墨粉和化学镀 AgC 包覆粉的形态，以及观测包覆粉中银对纳米石墨的包覆效果；采用 X 射线衍射测试包覆粉中基体 Ag 的晶粒度.

3.4 纳米晶 AgC 包覆粉的制备

试验步骤：

1. $AgNO_3$ 溶液的制备

试验中，每次称量 50 g 银，按照一定的比例称取球磨石墨粉，所有的称量均在精度为万分之一的分析天平上进行. 量取 60 ml 的浓硝酸加入到烧杯中，加入 60 ml 的水，将银小心地放入稀释的 HNO_3 溶液中，缓慢加热，使银在溶液中溶解完全.

现象：缓慢加热后，有黄色的浓烟冒出，为二氧化氮气体（可能也有一氧化氮），操作在通风橱中进行. 加热 15 min 左右，溶液沸腾，随着加热反应不断进行，到一定程度，银完全溶解，溶液呈透明色，制得 $AgNO_3$ 溶液.

2. $[Ag(NH_3)_2]^+$ 溶液的制备

将得到的澄清的 $AgNO_3$ 溶液加入到一反应烧杯中，向烧杯中加入浓 $NH_3 \cdot H_2O$ 至溶液 pH 值大于 10，得到了稳定的 $[Ag(NH_3)_2]^+$ 溶液.

3. AgC 包覆粉的制备

图 3.1 为制备银石墨包覆粉的装置图示意图. 将盛有 $[Ag(NH_3)_2]^+$ 溶液的反应烧杯置于电磁搅拌器上，沿烧杯壁缓慢放入搅拌子，加入称量好的石墨粉，打开电磁搅拌装置，让转子轻轻搅拌，2～3 min 后，石墨粉均匀悬浮于溶液中，以一定的转速搅拌，将还原剂 $H_2N-NH_2 \cdot H_2O$ 加入溶液中，同时，用吸瓶加入蒸馏水，使反应过程中悬浮于烧杯壁的石墨重新进入溶液中，基本上可以使石墨粉完全被银包覆，制备得到 AgC 包覆粉.

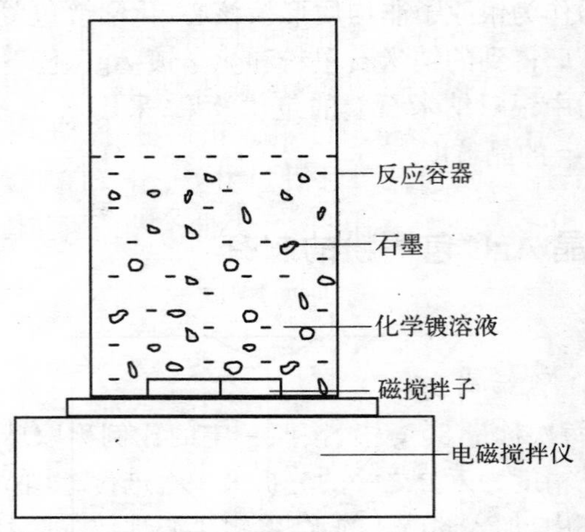

图 3.1　化学包覆装置示意图

4. AgC 包覆粉的烘干

将制备得到的包覆粉在抽虑装置上进行抽虑，反复用去离子水冲洗至 pH 为中性为止. 取出包覆粉置于干燥皿中，放入干燥箱 160℃×72 h 工艺烘干并过 200 目筛，得到干燥的 AgC 包覆粉.

3.5　粉体表征

3.5.1　球磨纳米石墨粉的表征及球磨时间的影响

试验中采用的是纯度为 C%＞99.5%、粒度为 200 目的石墨粉. 图 3.2 (a)是原始石墨的 SEM 照片. 可以看出，石墨呈层片状. 高能球磨对石墨粉体结构的影响，是由石墨本身的结构特征和高能球磨的特性决定的. 一方面[87]，石墨是层片状结构，六角形排列的碳原子构成碳原子间距为 0.142 nm 的平面网络，其平面网格上下各层平行，间距为 0.335 nm，如图 3.3 所示. 层内是碳与碳原子之间由 sp^2 杂化轨道形成的牢固的共价键，而层与层之间是由离域的 π 键结合而成的. sp^3 键比金刚石的 sp^3 键还要牢固，而 π 键又特别弱，这种结构

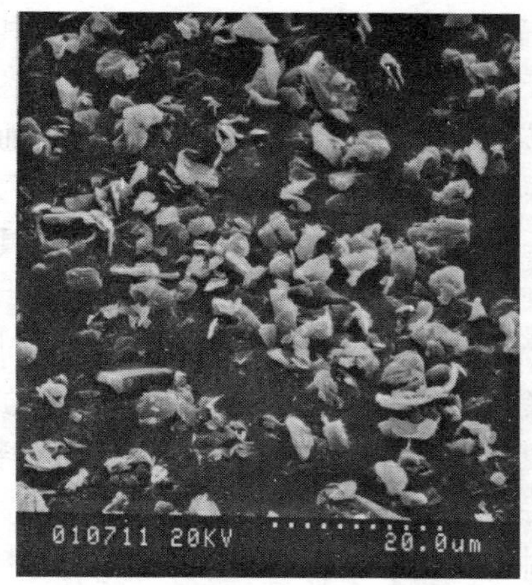

(a) 原始粗石墨 SEM 照片

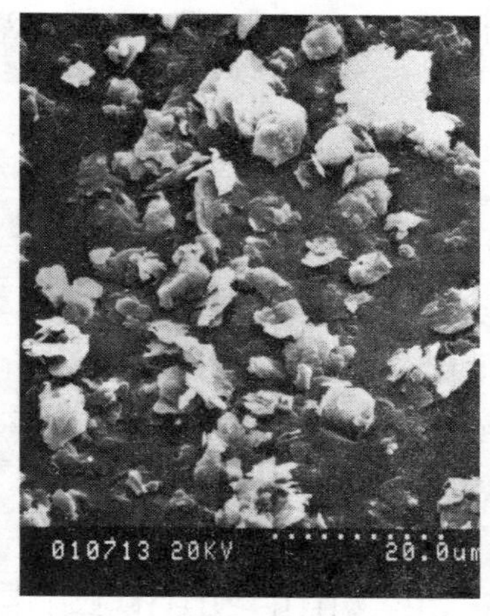

(b) 10 h 球磨石墨粉 SEM 照片

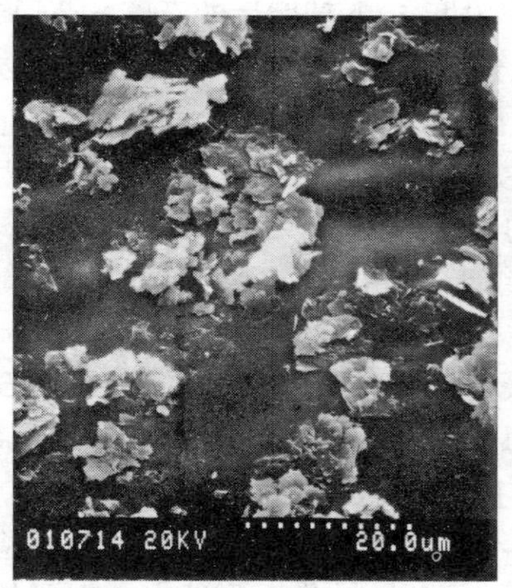

(c) 40 h 球磨石墨粉 SEM 照片

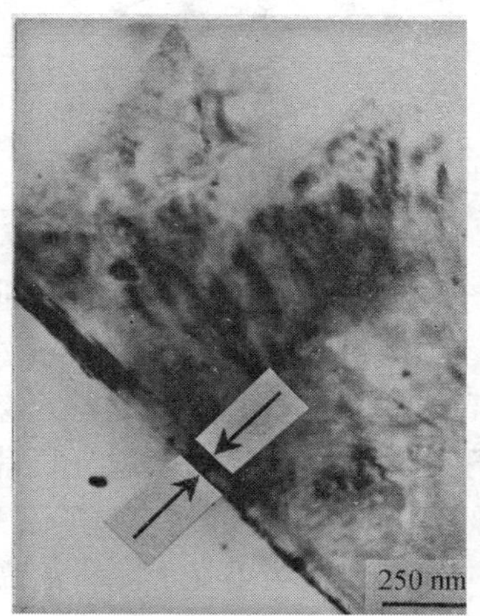

(d) 球磨 10 h 纳米石墨 TEM 照片

图 3.2　原始石墨和球磨纳米石墨的 SEM 及 TEM 照片

特征使石墨有牢固的层内结构而层间的相互作用非常弱，因此层间的结构很容易被破坏而层内结构特别稳定[81]．石墨的这种结构使其在受到外界的猛烈作用时，层间容易相对滑动，引入杂质、缺陷等，而层内结构基本保持下来．另一方面，行星式高能球磨机中的磨球不仅具有比在普通球磨机中对粉体高出十倍左右的撞击力与撞击频率，同时又在筒底上作复杂运动时对粉末强烈碾压与搓擦，使得磨桶内的粉料能在较短时间内研磨到纳米级[80]．因此石墨粉体在高能球磨的过程中被磨球不断地沿层片方向减薄，最终得到一维尺度的纳米级石墨片．经 10 h、40 h 球磨后的石墨 SEM 形貌分别如图 3.2(b)、(c)所示．可以看出石墨片沿厚度方向被减薄，尤其是球磨 40 h 的石墨片变得更小、更薄．图 3.2(d)是 10 h 球磨石墨的 TEM 照片，测量得到该石墨片的厚度约在 50～60 nm．由此可见，经 10 h 高能球磨后，制备得到一维纳米尺寸的石墨片．

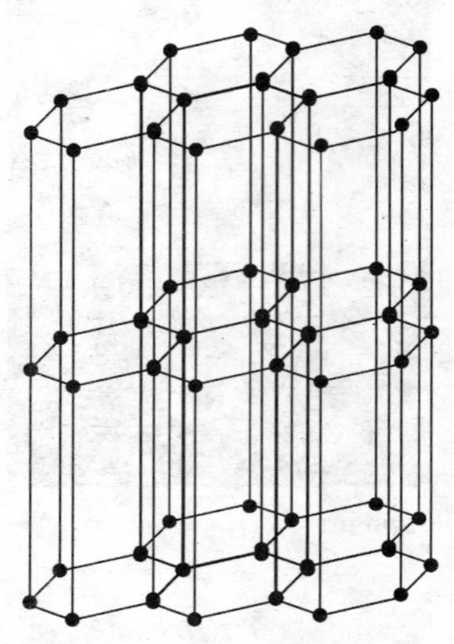

图 3.3　石墨晶格原子模型

通过对不同球磨时间石墨的微观形貌分析可以发现，经过 10 h 高能球磨的石墨纳米化综合效果最好，结合后面对不同球磨时间石墨粉银包覆效果的微观分析，同样 10 h 高能球磨石墨银包覆效果最好，由此在后面的所有试验进程中均采用最佳的 10 h 高能球磨参数．

图 3.4 为委托上海科汇高新技术创业服务中心(上海纳米材料检测中心)经中科院上海硅酸盐研究所无机材料分析测试中心观测的球磨 10 h 石墨场发射扫描电镜形貌照片．从图中清晰可见，经 10 h 高能球磨后，石墨粉已减薄到一维纳米尺度，呈现分层状层片，并出现不等程度的堆叠及焊合．

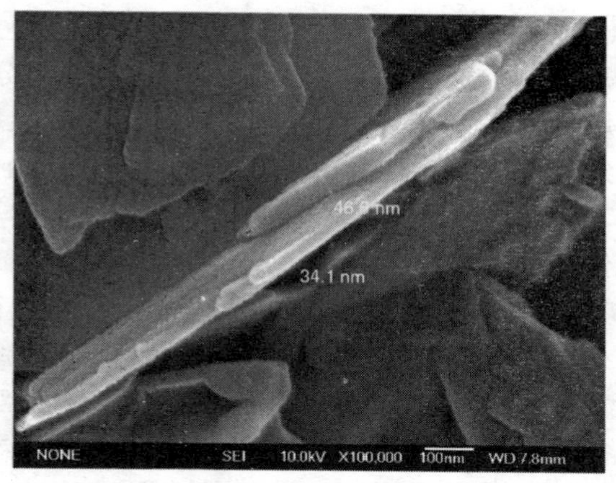

图 3.4 球磨 10 h 石墨 FESEM 形貌照片

3.5.2 纳米晶 AgC 包覆粉的表征及球磨时间的影响

采用化学镀在石墨上包覆银的过程是一个银原子以石墨为非均质形核核心的沉积过程. 图 3.5(a)是 10 h 球磨得到的纳米石墨的包

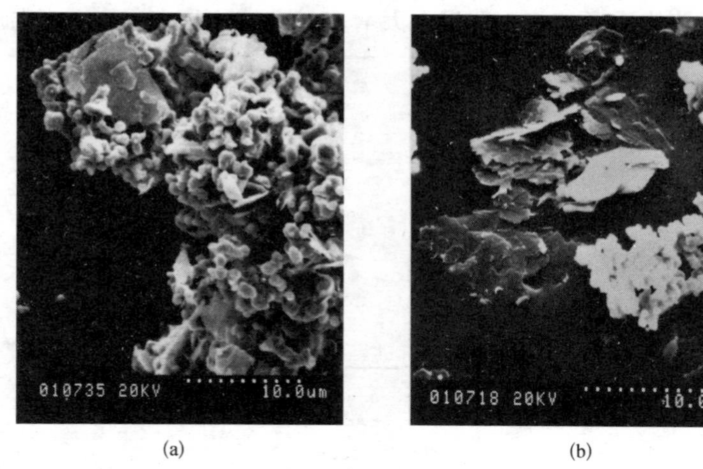

(a) (b)

图 3.5 10 h (a)及 40 h (b)球磨纳米石墨包覆粉 SEM 形貌

覆粉 SEM 照片，可以看到微米尺寸的近球形 Ag 颗粒呈絮凝状结构包覆在石墨片的外面，这种絮凝体内部孔洞尺寸细小且分布均匀. 就多元系固相烧结而言，粉末体内部的孔洞尺寸及分布状态对于粉末材料的烧结致密性的影响要比粉末体之间的孔洞尺寸和分布状态的影响大得多，因此这种絮凝状结构将有助于包覆粉后续烧结过程的进一步致密化.

对 10 h 球磨纳米石墨化学包覆 Ag－5%C 粉的 X 衍射测试表明：采用 X 射线粉末多晶衍射分析法，对得到的 X 射线衍射数据经平滑、扣背底、扣 $K_{\alpha 2}$ 、找峰，得到的 X 射线衍射谱图如图 3.6 所示，计算得出制备的 Ag－5%C 包覆粉中银的平均晶粒尺寸约为 50 nm. 因此，高能球磨石墨化学镀包覆银，可以制备纳米晶银石墨包覆粉. 对包覆工艺的研究发现，随球磨时间的增加，包覆效果下降. 包覆粉的颜色则由浅灰色变成深灰黑色，包覆效果由好变差；同时，包覆粉的流动性由好变差. 随球磨时间的增加，包覆效果下降、粉体流动性劣化，原因在于随着球磨时间的增加，石墨进一步减薄，相同质量分数石墨粉的细化和纳米化，大大地增加了比表面积，使得包覆过程中 Ag 原子非均质形核核心数目大大增多(片层厚度为 1.5 μm 的原始

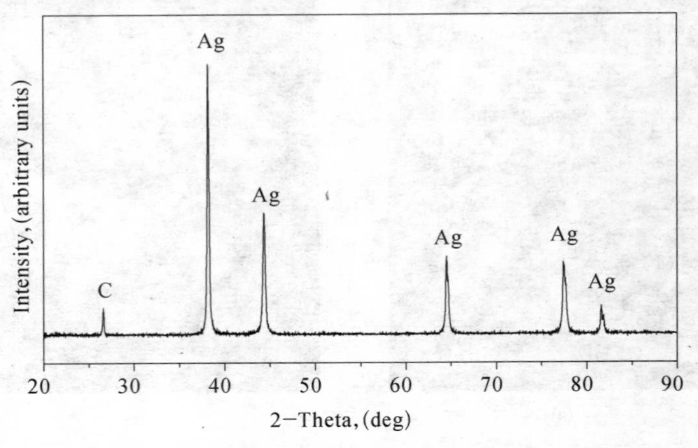

图 3.6　10 h 球磨纳米石墨化学包覆 Ag－5%C 粉的 X 射线衍射图谱

石墨片，经高能球磨后减薄为 60 nm 的纳米级石墨，表面积增加了近 25 倍，即 Ag 原子形核核心增加了 25 倍)，极大增多的形核核心数目，一方面提高了分散在反应溶液中的球磨石墨充当 Ag 原子非均质形核核心的几率，起到细化包覆粉体的效果，另一方面，也使不能被银完全包覆的石墨片数量大大增加，导致银对石墨的包覆效果下降. 图 3.5(b)是球磨 40 h 石墨的包覆粉，有一部分石墨片完全没有被银包覆. 对比图 3.5(a)可以看出，银对 10 h 球磨纳米石墨粉的包覆效果明显好于 40 h.

3.6 本章小结

以纯度为 C%＞99.5%、粒度为 200 目的石墨粉为原料，通过 QM-1SP 型行星式球磨机，高能球磨不同时间，并对得到的球磨石墨粉采用 SEM、TEM 及 FESEM 进行了形貌观测表征，发现经 10 h 高能球磨后，石墨粉已减薄到一维纳米尺度，呈现分层状层片，并出现不等程度的堆叠及焊合，平均厚度 50～60 nm. 通过对不同球磨时间石墨的微观形貌分析可以发现，经过 10 h 高能球磨的石墨纳米化综合效果最好，对不同球磨时间石墨粉银包覆效果的微观分析表明，同样 10 h 高能球磨石墨银包覆效果最好，由此在后面的所有试验进程中均采用最佳的 10 h 高能球磨参数. 对 10 h 球磨纳米石墨粉化学包覆 Ag-5%C 粉的 X 衍射测试表明，包覆粉中 Ag 的平均晶粒尺寸约为 50 nm. 球磨石墨包覆粉中，微米尺寸的近球形 Ag 颗粒呈絮凝状结构包覆在石墨片的外面，这种絮凝体内部孔洞尺寸细小且分布均匀，有助于包覆粉后续烧结过程的进一步致密化. 对包覆工艺的研究发现，随球磨时间的增加，包覆效果下降. 包覆粉的颜色则由浅灰色变成深灰黑色，包覆效果由好变差；同时，包覆粉的流动性由好变差. 随球磨时间的增加，包覆效果下降、粉体流动性劣化，原因在于随着球磨时间的增加，石墨进一步减薄，相同质量分数石墨粉的细化和纳米化，大大地增加了比表面积，使得包覆过程中 Ag 原子非均质形核核心数目大大增多,极大增多的形核核心数目,一方面提高了分散在反应溶液中的球磨石墨充当Ag原子非均质形核核心的几率,起到细化包覆粉体的效果,另一方面,也使不能被银完全包覆的石墨片数量大大增加,导致银对石墨的包覆效果下降.

第四章 AgC 块体触头及其机械物理性能

AgC 材料属于互不溶体系，只能采用粉末冶金工艺制备块体触头[87]. 本章系统介绍了 AgC 触头的粉末冶金制备工艺及其机械物理性能测试原理，在此基础上研究了制备出的纳米晶 AgC 包覆粉体的烧结性能及其块体触头材料的机械物理性能，研究了球磨时间对块体触头性能及组织的影响以及烧结温度对其性能的影响，对 AgC 体系三种不同的粉体制备工艺触头材料进行了组织和机械物理性能对比分析并建立了简要的机理模型分析，并研究了纳米晶包覆粉的配比添加对常规机械混粉触头性能的影响.

4.1 AgC 触头的粉末冶金制备工艺

制备 AgC 块体触头材料的工艺流程如下：复合粉末→压制→烧结→复压.

4.1.1 压制

压制是把粉末采用一定的压力压成坯体. 压制工序一般是称量一定重量的粉末料，装入到模子中，然后采用一定的压力压制，压制好后再进行脱模，这样制备得到了压制好的坯体. 初压一般按理论密度的 90%来控制. 称料重量和压制压力采用如下的公式计算：

称料重量：

$$Q = V * d * k \tag{4.1}$$

式中：Q——单件压块的称料重，g

V ——制品的体积，cm^3

d ——制品要求的密度，g/cm^3

k ——重量损失系数(可取 1.005～1.01)

压制压力：

$$P = p * s \tag{4.2}$$

式中：P ——总压力，t

p ——单位压制压力，t/cm^2

s ——与压力方向垂直的压坯受压面积，cm^2

对于 AgC 触头材料，单位压制压力一般在 10～12 t/cm^2.

4.1.2 烧结

烧结过程是一个非常复杂的物理化学过程，是指将压制好的坯体放入烧结炉中，在保护气氛下，以一定的烧结工艺(在一定的温度下保温一定时间)烧结使粉末互相结合或合金化，形成一定密度和强度的块体材料过程. AgC 材料由于银和石墨之间基本上不润湿，也不反应，因此，烧结实际上是银颗粒之间的烧结.

4.1.3 复压

AgC 材料属于互不溶体系多元固相烧结，一般压制烧结后，密度只有理论密度的 90%～92%左右，而材料是要求在接近致密状态下使用. 因此，烧结后需要通过复压来进一步提高密度和性能. 因此，AgC 触头需要通过复压来达到较高的密度和致密度，以提高其使用性能.

4.2 块体触头机械物理性能测试

对于触头材料而言，通常测试和考核的主要机械物理性能包括：密度(致密性)、电导率(电阻率)和硬度[88].

4.2.1 密度

AgC 复合材料的理论密度可以由下式求得：

$$\rho_{th}=\frac{w_{Ag-C}}{\dfrac{w_{Ag}}{\rho_{Ag}}+\dfrac{w_C}{\rho_C}} \tag{4.3}$$

式中：ρ_{th} ——AgC 材料的理论密度，g/cm^3

$w_{Ag\text{-}C}$ ——AgC 材料的重量，g

w_{Ag} ——AgC 材料中银的重量，g

w_C ——AgC 材料中石墨的重量，g

ρ_{Ag} ——银的理论密度，g/cm^3

ρ_C ——石墨的理论密度，g/cm^3

$\rho_{Ag}=10.49$ g/cm^3，$\rho_C=2.25$ g/cm^3，可以计算得到 Ag－5%C 的理论密度为 8.86 g/cm^3.

在本论文试验中，采用排水法来测定烧结复压触头材料的体积密度，并通过计算求得其相对密度（相对密度＝体积密度÷理论密度×100%）. 根据阿基米德定律，物体在水中所受的浮力等于其排开水的重量. 因此，用排水法测体积密度可以避免测定含孔隙材料实际体积所带来的困难，仅仅通过称重及计算就能够直接求得材料体积密度. 材料的体积密度计算式为：

$$\rho_v=d\times\frac{w_1}{w_2-w_3} \tag{4.4}$$

式中：ρ_v ——试样的体积密度，g/cm^3

w_1 ——试样烘干后在空气中的重量，g

w_2 ——试样吸水后在空气中的重量，g

w_3 ——试样在水中的重量，g

d ——测量温度下水的密度，g/cm^3

4.2.2 电阻率

对于粉末烧结材料,应尽可能获得接近理论密度的密度,因为孔隙的电导率很小,几乎可以看成零,烧结材料中的孔隙率减少,必然会降低材料的电阻率.从物质导电的本质看,物质电阻率的大小与物质内部载流子的浓度及其运动过程中受到的散射程度有直接的关系.体积电阻率的定义是单位长度与单位截面积的导体的电阻,其公式表示如下:

$$\rho = \frac{R \cdot A}{L} \tag{4.5}$$

式中:ρ——试样体积电阻率,$\mu\Omega \cdot \mathrm{cm}$;

R——试样的电阻值,$\mu\Omega$;

A——试样的平均横截面积,cm^2;

L——试样长度,cm.

电阻率测量采用双电桥的基本原理, 测量电路如图 4.1 所示.

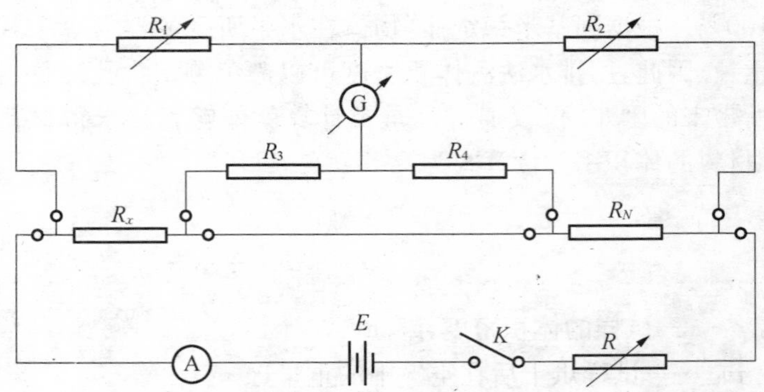

G—检流计,A—安培表,R_1、R_3— 电桥比例电阻,R_2、R_4 —电桥比较电阻,R_x— 被测电阻,R_N — 标准电阻,E— 稳压电源,K —电源开关

图 4.1 双电桥测电阻率电路图

被测电阻的表达式为：

$$R_X = R_N \frac{R_1}{R_2} \tag{4.6}$$

4.2.3 硬度

硬度属于对孔隙形状不敏感的性能，主要取决于材料的孔隙度，宏观硬度随试样孔隙度的增加而降低．硬度测试原理是用一定直径的钢球，以相应的试验力压入试样表面，经规定保持时间后，卸除试验力，测量试样表面的压痕直径．布氏硬度值是试验力除以压痕球形表面积所得的商，用公式(4.7)计算．

$$HBS = \frac{2F}{\pi D(D - \sqrt{D^2 - d^2})} \tag{4.7}$$

式中：HBS ——布氏硬度，MPa；

F ——试验力，N；

D ——钢球直径，mm；

d ——压痕平均直径，mm.

4.3 试验结果及分析

4.3.1 高能球磨时间对制备 AgC 触头机械物理性能和组织的影响

图 4.2(a)、(b)、(c)分别是球磨 10 h、15 h、20 h 的纳米石墨经过化学包覆后的复合粉制备的材料的断面金相组织．可以看出，10 h 包覆粉制备的材料组织均匀、细腻，而 15 h 包覆粉制备材料的组织大部分石墨细小、均匀分布，一部分则出现了石墨的定向分布．20 h 包覆粉则出现明显的石墨定向组织．可见，随着球磨时间的增加，AgC 块体触头出现了石墨定向组织，球磨时间越长，石墨定向排布越明显．

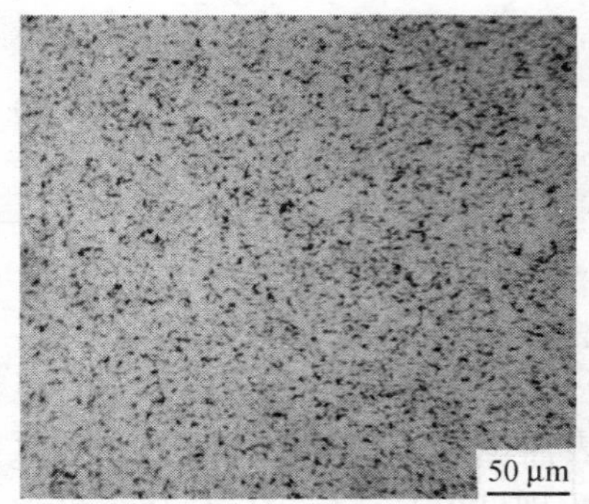

(a) 10 h 球磨包覆粉制备 Ag-5%C 金相组织

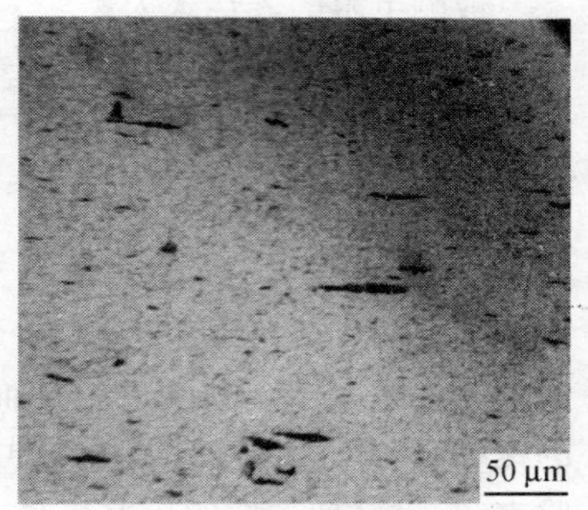

(b) 15 h 球磨包覆粉制备 Ag-5%C 金相组织

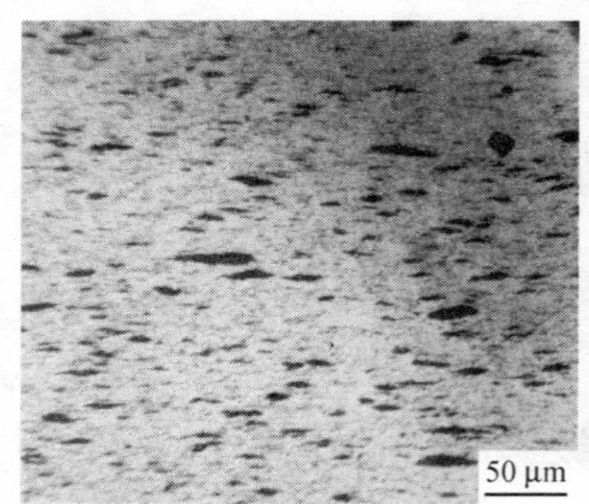

(c) 20 h 球磨包覆粉制备 Ag-5%C 金相组织

图 4.2 不同球磨时间的纳米石墨包覆粉制备的 Ag-5%C 金相组织

表 4.1 中触头性能和球磨时间的关系表明，随着球磨时间的增加，电导率均匀组织时最高，有石墨定向组织出现而降低，随定向组织增多而电导率出现回升，但制备得到的材料硬度下降，致密度下降. 电导率的提高与材料中出现石墨的定向组织有关[81]，电导率随石墨定向组织增多而出现回升是由于石墨沿一定方向导电的各向异性，因此出现电导率的回升. 由于球磨时间增加，球磨石墨的包覆效果下降，这可能是制备 Ag-5%C 材料致密度降低的原因；材料致密

度下降，从而使材料的硬度也随之下降.

表 4.1　球磨时间与性能的关系

球磨时间 \ 性能	密度 (g/cm^3)	致密性 (%)	电导率 ($m/\Omega mm^2$)	硬度 (MPa)
10	8.85	99.9	39.0	636
15	8.82	99.5	33.0	538
20	8.81	99.4	35.8	514

已有研究表明[1,59,60,89]：石墨沿垂直于触点材料工作面的分布可以大大地提高材料的抗电弧腐蚀能力. 这种通过高能球磨和化学镀技术来获得石墨定向结构组织，是本论文试验研究的一大发现. 但目前局限于获得的该石墨定向排布是一种相对离散排布，对触头的性能无明显改善，还有待于进一步的深入研究，期待通过尺度更加细小的纳米级石墨低温烧结生长来得到致密的定向排布石墨强化纤维，全面提升触头性能.

4.3.2　烧结温度对 AgC 触头机械物理性能的影响

(1) AgC 电接触材料的烧结

由于银和石墨之间既不互溶，也不反应，因此，AgC 触头材料是一种“假合金”，只能通过粉末冶金的方法来制备. AgC 材料的烧结属于互不溶体系多元固相烧结，其中银熔点低，塑性和导电性好，易于烧结. 而石墨是高温相，是一种强化相，同时也具有良好的导电性. 烧结后，银作为粘结相与石墨组成一种机械混合物. 因此，AgC 材料兼有两种不同成分的性质，具有良好的综合性能. 实际烧结是银颗粒之间的烧结，而银和石墨之间不能烧结到一起.

烧结过程中孔隙大小的变化，使银粉末颗粒总表面积减小. 因此，无论是在烧结的中间阶段或最终阶段，孔隙表面自由能的降低，始终是烧结过程的原动力. 应用库钦斯基的简化烧结模型，根据理想的两球模型[90]（图 4.3），可以推导出作用于烧结颈的应力为：

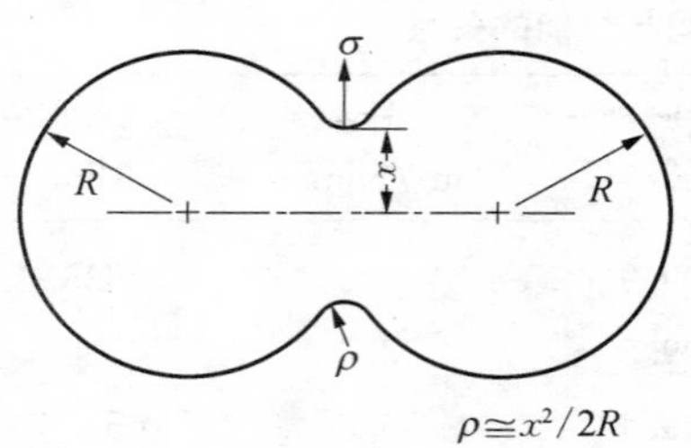

图 4.3　烧结的两球模型

$$\sigma = -\frac{\gamma}{\rho} \tag{4.8}$$

式中：γ——表面张力；

ρ——烧结颈的曲率半径.

负号表示作用于曲颈面上的应力是张力，方向朝外，其效果是使烧结颈扩大，负曲率半径的绝对值增大，说明烧结的动力 σ 减小. 由上式表示的烧结动力是表面张力造成的一种机械力，它垂直作用于烧结颈曲面上，使烧结颈向外扩大，而最终形成孔隙网. 这时孔隙中的气体会阻止孔隙收缩和烧结颈的进一步长大. 因此，孔隙中气体的压力 P_ν 与表面应力之差也是孔隙网生成后对烧结起推动作用的有效力：

$$P_S = P_\nu - \frac{\gamma}{\rho} \tag{4.9}$$

显然，P_S 仅是表面应力 $\left(-\frac{\gamma}{\rho}\right)$ 的一部分. 形成隔离孔隙时，烧结收缩的动力可描述为：

$$P_S = P_\nu - \frac{2\gamma}{r} \tag{4.10}$$

式中：r——孔隙的半径；

$-\frac{2\gamma}{r}$——作用在孔隙表面使孔隙缩小的张应力.

如果张应力大于气体压力 P_ν，气孔就能继续收缩下去. 当 P_ν 增大到超过表面张应力时，隔离孔隙就停止收缩. 在电接触材料中，气孔对材料性能影响很大，因此，研究烧结过程中的孔隙的变化，对触头材料的性能有着较大的影响. AgC 触头的烧结按时间大致可以划分为三个界限不是很明显的阶段[86]：

粘结阶段——烧结初期，银颗粒间的原始接触点或面转变成晶体结构，即通过成核、结晶长大等原子过程形成烧结颈. 在这一阶段，颗粒内的晶粒不发生变化，颗粒外形也基本未变，整个烧结体不发生收缩，密度增加也比较小，但是材料的强度和导电性由于颗粒结合增大而有明显增加.

烧结颈长大阶段——银原子向颗粒结合面的大量迁移使烧结瓶颈扩大，颗粒间的距离缩小，形成连续的孔隙网络；同时由于晶粒长大，晶界越过孔隙移动，而被晶界扫过的地方，孔隙大量收缩，密度和强度增加是这个阶段的主要特征.

闭孔隙球化和缩小阶段——这个阶段，气孔慢慢收缩，孔隙形状近球形，通过小气孔的消失和孔隙数量的减少来实现整个烧结体的收缩，形成银石墨烧结体.

(2) 烧结工艺对 AgC 触头性能的影响

对于相同的粉末来说，不同烧结温度对制得材料的性能有着重大的影响. 表 4.2 是烧结温度对 10 h 球磨纳米石墨-包覆工艺 Ag－5%C 触头性能的影响. 根据表 4.2 可以看出，随着烧结温度的升高，材料的致密度增加，硬度上升，电导率明显提高. 触头的机械物理性能对烧结温度是比较敏感的，在 840℃ 左右，材料性能最佳. 材料在 750℃ 和 800℃ 下烧结，得到材料的致密度为 98.5%，而采用 840℃×4 h 的烧结工艺得到材料的致密度接近完全致密. 对于粉末冶金材料来说，应尽可能获得接近理论密度的密度，因为孔隙的电导率很小，烧结材料中孔隙的减少，必然会提高材料的电导率，从而改善触头使用性能.

表 4.2　烧结工艺对 Ag－5%C 触头性能的影响

性能工艺	密度 (g/cm^3)	致密性 (%)	电导率 (m/Ωmm^2)	硬度 (MPa)
750℃×4 h	8.73	98.5	29.7	576
800℃×4 h	8.73	98.5	30.1	598
840℃×4 h	8.85	99.9	39.0	636

4.3.3 制粉工艺对 AgC 触头机械物理性能及组织的影响

目前,国内普遍采用机械混粉+粉末冶金的工艺来生产 Ag－5%C 触头材料.该工艺简单易行、流程少、对设备要求低、材料收得率高、生产成本比较低.由于采用化学镀的包覆工艺可以明显改善添加相在基体中的分布,提高不润湿材料间的物理结合强度,因此在 AgC 触头的制备中,我们引入了化学包覆工艺来制备 AgC 包覆粉.如前所述,传统的化学包覆技术采用的是还原剂逐滴加入到反应溶液中,对于 AgC 体系,一开始加入少量的还原剂 N_2H_4,只能生成少量 Ag 原子,因此只能是在少量分散在溶液中的石墨表面包覆,随着还原剂 N_2H_4 的不断加入,将不断产生还原出的 Ag 原子,同样根据非均质形核理论可知,新相的核心优先在具有相同或相似的基底上形成,所以随后形成的 Ag 原子将优先在已部分包覆 Ag 原子的 C 粉表面继续形核和长大,并将这些颗粒包裹在一起形成了不均匀包覆和团聚现象.而且由于还原剂与反应溶液单位时间接触面积有限,一旦溶液中还原剂 N_2H_4 局域浓度过高,一方面将大大促进 Ag 原子长大速率,使得包覆粉体粒度很快增大,起不到细化粉体的作用;另一方面大大增大了 Ag 原子的形核推动力,当它增加到大于 Ag 原子均匀形核临界势垒时,Ag 原子则不能在石墨表面非均质形核生长,而是自身形核生长,形成沉淀,吸附在石墨表面形成局部富集的絮状沉积物,使石墨表面不能均匀包覆,从而造成不均匀包覆和团聚.本论文中对传统的化学包覆技术进行了改性,首次通过雾化装置引入还原剂液相喷雾化学包覆技术(见图 2.5),大大增加了还原剂与反应溶液单位时间接触面积,提高了分散在反应溶液中的石墨充当 Ag 原子非均质形核核心的几率;同时大大降低了还原剂在反应溶液中的局域浓度,有效抑制了 Ag 原子长大速率并适当控制了 Ag 原子的形核推动力.两方面作用下该技术实现了细化包覆粉体及其晶粒度的作用并改善了包覆效果,更好地消除了团聚和成分偏聚.

论文中分别研究了这三种不同的制粉工艺对 AgC 触头机械物理及其组织的影响.

（1）机械混粉工艺和常规化学包覆工艺制备的 Ag－5%C 触头性能和组织对比

机械混粉工艺和常规化学包覆工艺制备的 Ag－5%C 材料的性能和组织分别如表 4.3 及图 4.4 所示.

表 4.3　粗石墨粉机械混粉工艺与常规化学包覆工艺（还原剂滴加法加入简称滴加-包覆）Ag－5%C 触头机械物理性能

试　样	石墨状态	制备方法	密度（g/cm³）	致密性（%）	电导率（m/Ωmm2）	硬度（MPa）
Ag－5%C	原始粗石墨	机械混粉	8.72	98.4	30.6	459
Ag－5%C	原始粗石墨	滴加-包覆	8.78	99.1	33.8	494

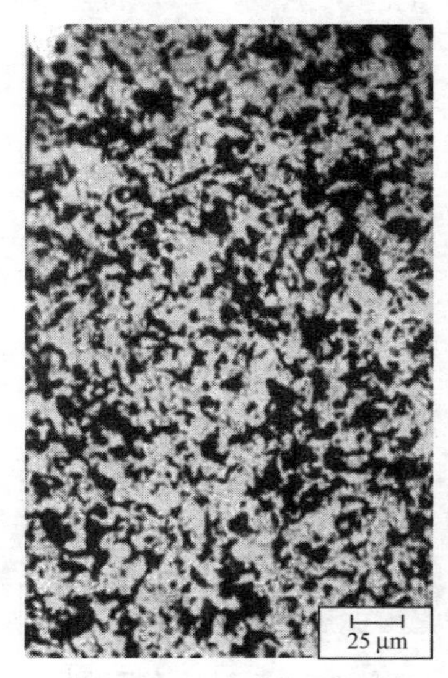

(a) 机械混粉工艺

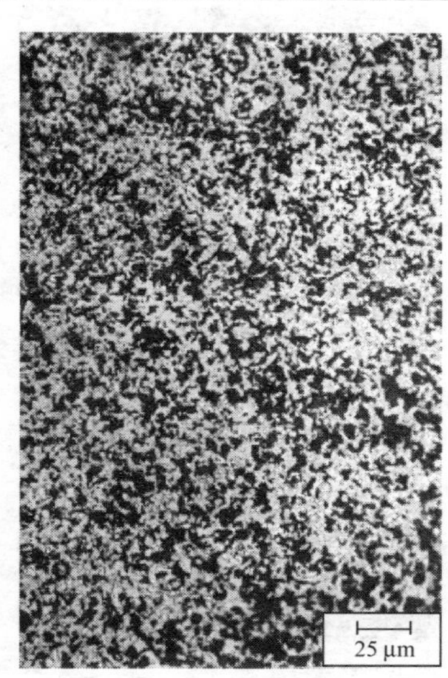

(b) 常规化学包覆工艺

图 4.4　粗石墨粉机械混粉工艺与常规化学包覆工艺触头组织

(2) 粗石墨与球磨石墨滴加-包覆工艺制备的 Ag－5工作%C 触头性能和组织对比

粗石墨粉滴加-包覆工艺与球磨石墨粉滴加-包覆工艺制备的 Ag－5%C 材料的性能和组织分别如表 4.4 及图 4.5 所示.

表 4.4 粗石墨粉与球磨石墨粉滴加-包覆工艺 Ag－5%C 触头机械物理性能

试　样	石墨状态	制备方法	密度 (g/cm^3)	致密性 (%)	电导率 ($m/\Omega mm2$)	硬度 (MPa)
Ag－5%C	原始粗石墨	滴加-包覆	8.78	99.1	33.8	494
Ag－5%C	球磨石墨	滴加-包覆	8.79	99.2	37.0	573

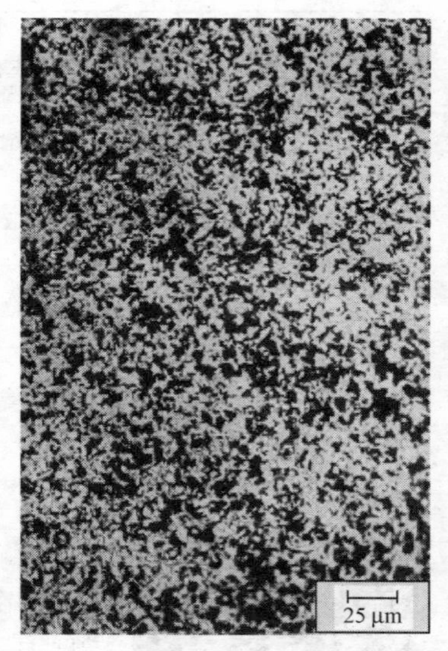

(a) 粗石墨滴加－包覆工艺

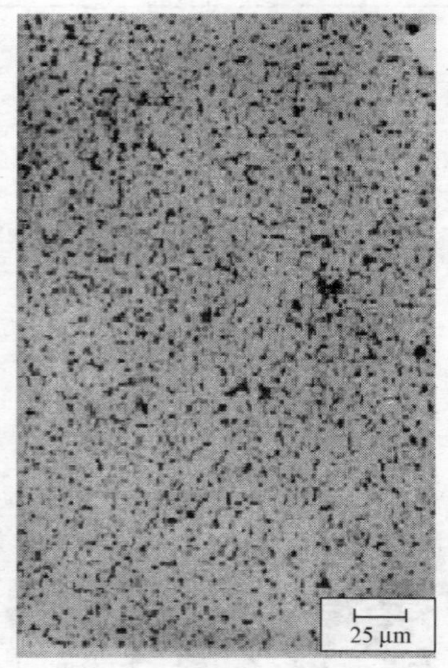

(b) 球磨石墨滴加－包覆工艺

图 4.5 粗石墨滴加-包覆工艺与球磨石墨滴加-包覆工艺触头组织

(3) 球磨石墨滴加-包覆与喷雾-包覆工艺制备的 Ag－5%C 触头性能和组织对比

球磨石墨粉滴加-包覆工艺与喷雾-包覆工艺制备的 Ag－5%C 材料的性能和组织分别如表 4.5 及图 4.6 所示.

表 4.5　球磨石墨滴加-包覆与喷雾-包覆工艺 Ag－5%C 触头机械物理性能

试　样	石墨状态	制备方法	密度 (g/cm³)	致密性 (%)	电导率 (m/Ωmm2)	硬度 (MPa)
Ag－5%C	球磨石墨	滴加-包覆	8.79	99.2	37.0	573
Ag－5%C	球磨石墨	喷雾-包覆	8.85	99.9	39.0	636

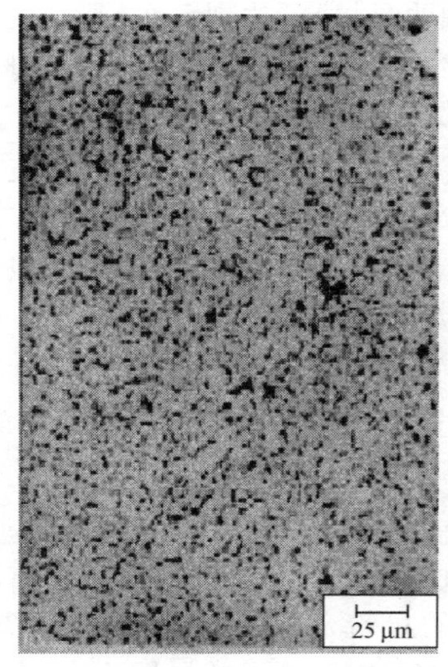

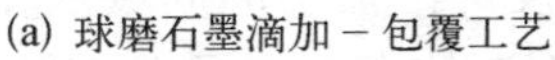
(a) 球磨石墨滴加 － 包覆工艺

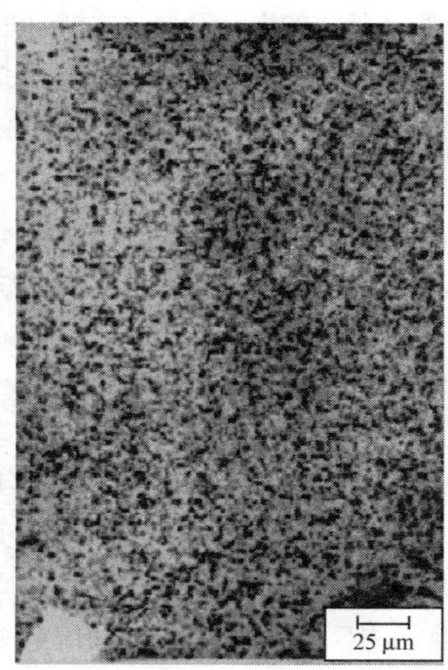

(b) 球磨石墨喷雾 － 包覆工艺

图 4.6　球磨石墨滴加-包覆工艺与喷雾-包覆工艺触头组织

(4) 制粉工艺的对比分析

从表 4.3 可以明显看出，与机械混粉工艺相比，滴加-包覆工艺制备的触头电导率明显改善，提高了约 11%；硬度增加到 494 MPa；密度也相应提高，其烧结复压致密性达到 99.1%. 这可以从包覆制粉得到的触头组织加以解释. 从图 4.4 可以看出：机械混粉触头存在明显的成分偏析，而采用滴加-包覆制粉工艺，石墨均匀分散在溶液中，在石墨片上包覆银，从而获得了石墨和银分布比较均匀的组织. 可见包覆制粉获得了银和石墨均匀的混合，基本克服了机械混粉的成分偏析，改善了银对石墨的润湿性和它们之间的物理结合界面，从而得以提高材料的机械物理性能.

从表 4.4 可见，对于滴加-包覆工艺而言，粗石墨和球磨石墨包覆后制备的试样性能存在着一定的差别，可以看出：球磨石墨滴加-包覆工艺制备的 Ag－5%C 材料烧结致密性略有增加，烧结复压密度达到理论密度的 99.2%；该材料硬度则明显提高，达到 573 MPa，大大超过粗石墨触头；电导率进一步提高到 37.0 m/Ωmm^2. 图 4.5 中可见球磨石墨均匀、弥散分布在银基体上，组织更加均匀，进一步消除了 C 在基体中的偏聚.

从表 4.5 可见，同样以球磨石墨为添加相进行包覆制粉，喷雾-包覆工艺比滴加-包覆工艺制备的试样性能又有了较大的提高. 可以看出：球磨石墨喷雾-包覆工艺制备的 Ag－5%C 材料具有极好的烧结致密性，烧结复压密度达到理论密度的 99.9%；良好的烧结致密性导致其硬度进一步提高，达到 636 MPa；电导率进一步提高到 39.0 m/Ωmm^2. 图 4.6 显示，组织更加均匀，基本上消除了 C 在基体中的偏聚. 得到这样良好的显微组织正是由于采用了还原剂液相喷雾技术. 采用还原剂液相喷雾技术，大大增加了还原剂与反应溶液单位时间接触面积，提高了分散在反应溶液中的 C 粉充当 Ag 原子非均质形核核心的几率；同时大大降低了还原剂在反应溶液中的局域浓度，有效抑制了 Ag 原子长大速率. 两方面作用下该技术实现了细化包覆粉体及其晶粒度的作用并改善其包覆效果，更好地消除了 C 在 Ag 基体中的成分偏聚.

(5) 三种工艺制备 Ag-5%C 触头机理分析

图 4.7(a)为粗石墨机械混粉工艺制备 Ag-5%C 触头机理示意图. AgC 触头材料的烧结是银颗粒烧结长大的一个过程,而石墨和银

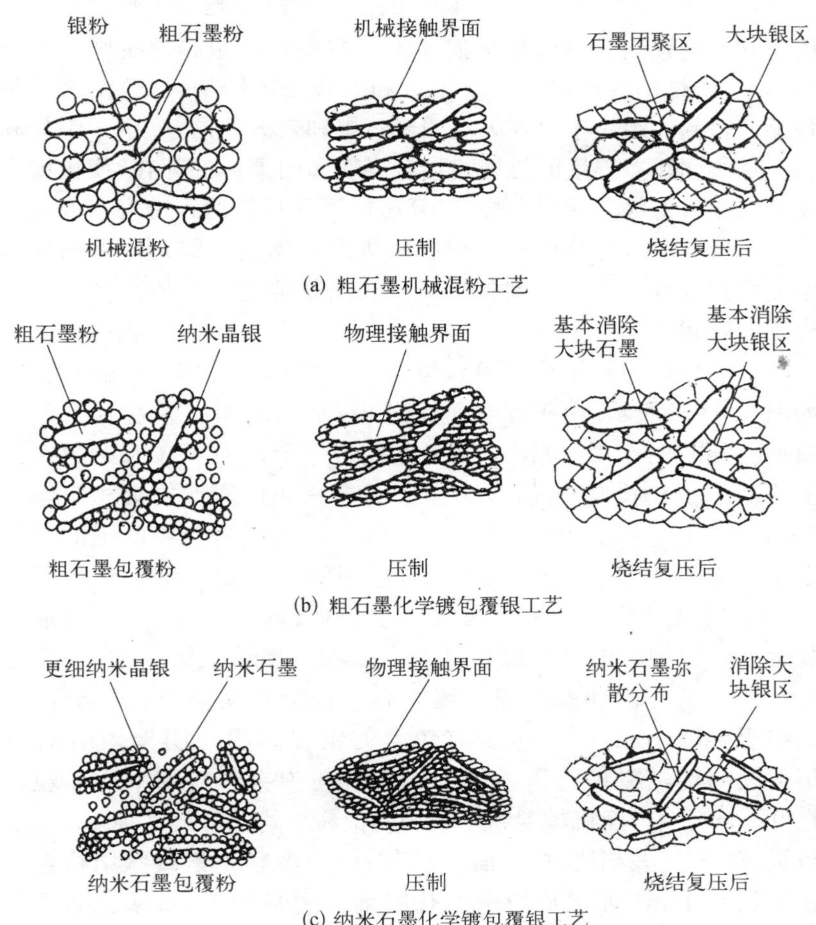

图 4.7　三种制粉工艺制备 Ag-5%C 材料机理示意图

之间是不能烧结到一起的.对于AgC机械混粉工艺而言,压制后石墨粉则是被机械地嵌入到银粉的包裹之中,形成银粉和石墨片之间机械的接触,由于银的烧结而使得石墨片镶嵌在银的颗粒当中形成“假合金”.其中,在银粉和石墨之间形成了机械接触界面,这种界面上不可避免地存在有一定的缝隙和孔隙,其界面基本上没有什么作用力和结合强度.此外,机械混粉不可避免存在银粉聚集区和石墨的团聚区,烧结后形成了大块银区和大块石墨团聚区,致使这种制备工艺得到的组织中存在大块团聚石墨和较大块的银.由于银粉和石墨片之间较差强度的机械式接触界面和团聚体的存在,使机械混粉工艺制备的触点材料在烧结、复压后得到材料的致密度一般最高只有98%左右,这是机械混粉触头组织不均匀和致密性差的根本原因所在.因此,该工艺制备触点材料的性能进一步提高受到一定程度的限制.

而对采用粗石墨化学镀包覆银工艺制备Ag-5%C触头机理如图4.7(b)所示.由于在包覆工艺中,加入的粗石墨起到了非均质形核核心的作用,包覆过程实际上是一个银原子在原始粗石墨上不断形核和长大的过程,这样在石墨片和近球形的沉积银颗粒之间形成了一种物理结合界面,虽然这种物理结合界面不能像化学键结合那么牢固和可靠,但是,这种结合界面的结合作用要大大好于机械混粉得到的机械式结合界面.同时,由于包覆形成的复合粉中银颗粒的沉积过程基本上是在石墨片上进行的,使得这种新工艺制备得到的组织中银和石墨的分布明显要比机械混粉的组织要细小和均匀,很少有较大的银和石墨的团聚体出现.X衍射表明银包覆粗石墨粉得到的复合粉中银颗粒的平均晶粒度在90 nm左右,而机械混粉中采用的银粉平均晶粒尺寸为150 nm.与机械混粉工艺相比,一方面,包覆粉中银颗粒呈絮凝状结构包覆在石墨片上,这种包覆粉中的孔隙细小而且均匀,就多元系固相烧结而言,粉末体内部的孔洞尺寸及分布状态对于粉末材料的烧结致密性的影响要比粉末体之间的孔洞尺寸和分布状态的影响大得多，因此这种絮凝状结构将有助于包覆粉后续烧结过程的进一步致密化；另一方面，众所周知，互不溶解的体系中不同组分颗粒间的结合界面，对材料的烧结性以及烧结体的强度和性能影响很大，而粗石墨包覆工艺得到纳米晶银包覆石墨粉具有良好的烧结活性，且包覆工艺提高了银与石墨间的结合界面强度并弥补了它们之间浸润性不足的缺陷，这使得材料的性能得以提高；因此，对于粗石墨包覆工艺和机械混粉工艺来说，采用包覆工艺制备的材料性能有了一定程度的改善和提高.

图 4.7(c)是采用球磨 10 h 纳米石墨粉包覆银新工艺制备 Ag-5%C材料机理的示意图. 对于纳米石墨包覆银制备 Ag-5%C 材料性能提高的机理我们认为如下：首先，该工艺采用 10 h 球磨的纳米石墨粉作为化学镀银的成核核心，使得银原子非均质形核核心数目大为增加，以及还原剂液相喷雾技术的引入，制备得到了基体 Ag 晶粒度约为 50 nm 的纳米晶 AgC 包覆粉. 而基体 Ag 的晶粒度越小，晶粒之间的界面就越多，对于扩散和烧结过程就更有利. 因此，该包覆粉相对于采用粗石墨化学镀制备得到的包覆粉来说，烧结活性又提高了一些. 其次，原始粗石墨经高能球磨后减薄到一维纳米尺度，其比表面积和比表面能大大提高，在一定程度上提高了液态银对石墨的润湿性，更有利于改善银与石墨间的物理结合界面及其强度. 第三，球磨纳米石墨包覆粉絮凝状结构中内部孔洞尺寸更加细小且分布更均匀，这种较细的纳米晶粉体中不可避免地存在极少量特别细小的 Ag 颗粒，这些细小颗粒在接近于金属 Ag 熔点的 840℃烧结温度下，可能会形成微量液相，形成的微量熔融银液在 AgC 触头固相烧结过程中可以充当类似陶瓷烧结中微量添加剂的作用，能够进一步填充孔隙，促使烧结体的完全致密化和性能提高，这是球磨-喷雾包覆Ag-5%C 触头烧结复压密度接近完全致密的可能原因. 第四，该工艺制备得到的 AgC 触头组织均匀、细小，纳米石墨呈薄片状及部分不规则形态均匀分布在银基体中，弥散度较高，这种第二相均匀弥散

分布在基体中的组织，不仅可以起到一定的弥散强化作用，而且有助于提高材料的导电性和抗电弧腐蚀能力. 因此，与机械混粉工艺和粗石墨包覆银工艺相比，10 h球磨纳米石墨-喷雾包覆工艺制备的新型AgC触头，获得了极为优异的机械物理性能.

综合以上分析，可以明显看出，引入还原剂液相喷雾技术的粗石墨包覆工艺与传统机械混粉工艺相比，触头性能和组织在一定程度上得到了改善；而对于采用纳米技术的球磨-喷雾包覆工艺来说，制备得到的新型AgC触头具有极佳的机械物理性能及组织. 这种通过球磨-喷雾包覆工艺制备新型AgC触头中的纳米效应主要体现在三方面：1）高能球磨制备了纳米级石墨，由于其比表面能的极大提高，在一定程度上提高了液态银对石墨的润湿性，更有利于改善银与石墨间的物理结合界面及其强度；2）纳米石墨的引入，带来了更多的银原子非均质形核核心，通过还原剂液相喷雾技术，制备得到了纳米晶包覆粉，具有良好的烧结活性，烧结后接近完全致密；3）纳米石墨在触头中均匀弥散分布，组织更加均匀细小. 正是基于这几方面，使该工艺制备的新型AgC触头的性能及组织有了很大的提高和改善.

4.3.4 纳米晶包覆粉对常规AgC触头机械物理性能的影响

共6组样品：Ag－5％C纯机械混粉（简记1＃：Ag－5％C机混）、机械混粉＋20％球磨-喷雾Ag－5％C纳米晶包覆粉（简记2＃：20％/Ag－5％C）、机械混粉＋40％球磨-喷雾Ag－5％C纳米晶包覆粉（简记3＃：40％/Ag－5％C）、机械混粉＋60％球磨-喷雾Ag－5％C纳米晶包覆粉（简记4＃：60％/Ag－5％C）、机械混粉＋80％球磨-喷雾Ag－5％C纳米晶包覆粉（简记5＃：80％/Ag－5％C）和纯球磨-喷雾Ag－5％C纳米晶包覆粉（简记6＃：Ag－5％C包覆），分别制成标准样条10 mm×50 mm×2 mm，测试其机械物理性能如表4.6所示.

表 4.6 混合配粉 6 组 Ag－5%C 电接触材料机械物理性能测试

材　料	样品编号	密度 (g/cm^3)	致密性 (%)	电导率 ($m/\Omega mm2$)	硬度 (MPa)
Ag－5%C 机混	1#	8.72	98.4	30.6	459
20%/Ag－5%C	2#	8.76	98.9	31.1	510
40%/Ag－5%C	3#	8.80	99.3	32.2	519
60%/Ag－5%C	4#	8.78	99.1	32.8	548
80%/Ag－5%C	5#	8.75	98.8	33.9	568
Ag－5%C 包覆	6#	8.85	99.9	39.0	636

从表中可见，将制备的球磨-喷雾 Ag－5%C 纳米晶包覆粉与常规 Ag－5%C 机械混粉进行不同成分混合配粉后，制成的 Ag－5%C 触头机械物理性能呈现规律性变化：随球磨-喷雾 Ag－5%C 纳米晶包覆粉含量的增多，触头电导率逐步提高，硬度也随之增加，致密性呈波动变化，开始随纳米晶包覆粉含量增多而提高，而后随之下降，到全包覆粉触头达到最佳.

混合配粉烧结试验触头机械物理性能的规律性表明：利用球磨包覆工艺制备的纳米晶 Ag－5%C 包覆粉，混合在传统的 Ag－5%C 机械混粉中，实现了通过利用纳米晶粉的晶粒长大填补机械混粉材料中的微小孔隙，从而达到了改善机械物理性能的目的.

4.4 本章小结

本章简要介绍了 AgC 块体触头材料的粉末冶金制备工艺及其机械物理性能测试原理，在此基础上研究了制备出的纳米晶 AgC 包覆粉体的烧结性能及其块体触头材料的机械物理性能，研究了球磨时间对块体触头性能及组织的影响以及烧结温度对其性能的影响，对 AgC 体系三种不同的粉体制备工艺触头材料进行了组织和机械物理性能对比分析并建立了简要的机理模型分析，并研究了纳米晶包覆粉的配比添加对常规机械混粉触头性能的影响.

研究结果表明,随着球磨时间的增加,AgC 块体触头出现了石墨定向组织.随着球磨时间的增加,电导率均匀组织时最高,有石墨定向组织出现而降低,随定向组织增多而电导率出现回升,但制备得到的材料硬度和致密性下降.电导率与球磨时间及金相组织呈一定的关系,球磨时间越长,石墨定向排列越明显,其电导率越高;致密性和硬度随球磨时间延长而降低.

研究结果表明,随着烧结温度的升高,AgC 块体触头材料的致密度增加,硬度上升,电导率明显提高.在 840℃左右,材料性能最佳.材料在 750℃和 800℃下烧结,得到材料的致密度仅为 98.5%,而在 840℃下烧结得到的材料接近完全致密.

研究结果表明,与机械混粉工艺相比,滴加-包覆工艺制备的 AgC 块体触头电导率明显改善,提高了约 11%,硬度增加到 494 MPa,密度也相应提高.包覆制粉获得了银和石墨均匀的混合,基本克服了机械混粉的成分偏析,改善了银对石墨的润湿性和它们之间的物理结合界面及其强度,从而提高材料的机械物理性能.对于滴加-包覆工艺而言,球磨石墨滴加-包覆工艺制备的 Ag - 5%C 材料烧结致密性略有增加,硬度则明显提高,电导率进一步提高,组织更加均匀,进一步消除了 C 在基体中的偏聚.同样以球磨石墨为添加相进行包覆制粉,喷雾-包覆工艺比滴加-包覆工艺制备的试样性能又有了较大的提高.球磨石墨喷雾-包覆工艺制备的 Ag - 5%C 材料具有极好的烧结致密性,烧结复压密度达到理论密度的 99.9%;良好的烧结致密性导致其硬度和电导率进一步提高.其组织更加均匀,基本上消除了 C 在基体中的偏聚.研究表明,得到这样良好的显微组织正是由于采用了还原剂液相喷雾技术.采用还原剂液相喷雾技术,大大增加了还原剂与反应溶液单位时间接触面积,提高了分散在反应溶液中的 C 粉充当 Ag 原子非均质形核核心的几率;同时大大降低了还原剂在反应溶液中的局域浓度,有效抑制了 Ag 原子长大速率.两方面作用下该技术实现了细化包覆粉体及其晶粒度的作用并改善其包覆效果,更好地消除了 C 在 Ag 基体中的成分偏聚.

研究结果表明,将制备的球磨-喷雾 Ag－5%C 纳米晶包覆粉与常规 Ag－5%C 机械混粉进行不同成分混合配粉后,制成的 Ag－5%C 触头机械物理性能呈现规律性变化:随球磨-喷雾 Ag－5%C 纳米晶包覆粉含量的增多,触头电导率逐步提高,硬度也随之增加,致密性呈波动变化,开始随纳米晶包覆粉含量增多而提高,而后随之下降,到全包覆粉触头达到最佳.利用球磨包覆工艺制备的纳米晶 Ag－5%C 包覆粉,混合在传统的 Ag－5%C 机械混粉中,实现了通过利用纳米晶粉的晶粒长大填补机械混粉材料中的微小孔隙,从而达到了改善机械物理性能的目的.

第五章　新型 AgC 触头电弧磨损性能研究

作为电接触材料,主要是承担接通和断开电器开关、仪器仪表等的电路及负载电流的作用,在使用过程中除了机械力和摩擦作用外,主要承受着焦耳热和电弧的灼烧,材料耐电弧磨损性能的好坏直接影响着触头的寿命及使用可靠性,也同时决定了开关电器的可靠运行与寿命. 本章将系统阐述 Ag 基触头材料电弧作用下的失效及其机理,在此基础上对本论文研究工作中制备出的新型 AgC 触头的电弧磨损性能、电弧腐蚀特征及其耐电弧磨损性能提高的机理进行测试、分析与探讨.

5.1　Ag 基触头材料电弧作用下的失效及其机理

电弧与触头材料的作用相当复杂,了解掌握电弧的作用机理,对于更好地改进触头的电性能、开发具有应用价值的新型触头材料和达到节银的目的等都有很重要的影响. 目前已经有很多研究工作者对 AgNi、AgW 或 AgWC、AgMeO 以及 AgC 这四种最具应用价值的银基触头材料进行了有效的研究[57,60,91～96]. 本节将在系统地阐述电弧与触头材料作用的理论依据基础上,对这四种银基电触头材料的电弧作用现象及其作用机理进行综合概述.

5.1.1　电弧作用的理论依据

触头在闭合、分断过程中,电弧对触头材料主要有四个方面作用:电弧燃烧和腐蚀、电弧引起触头温升对接触电阻的影响、触头的熔焊以及电弧引起的触头材料的相变.

（1）电弧烧蚀

电弧放电过程中，电弧根部产生的热物理过程由于能量集中释放在触头表面和近表面层中，会引起触头材料的熔化和蒸发，这就是触头电烧蚀的原因[89]. 在分断电流小和燃弧时间短的情况下，电蚀主要源于局部微小熔池中物质的蒸发. 随着电流的增大和放电时间的延长，在电弧基部将形成熔化金属的熔池，并发生强烈的蒸发和熔化金属滴的溅射. 此外，弧根的缩紧会引起电流密度的增大，弧根温度升高，从而导致触头材料蒸发加剧.

（2）接触电阻及温升

温度对接触电阻的影响较为复杂. 随着温度的升高使材料的电阻率增大，但同时随着温度的升高机械强度的下降会引起微观面形变，于是电阻会下降. 此外，由于表面的薄膜层通常具有半导体的特性，因而随着温度升高膜电阻会下降，但是温度能急剧加速薄膜层在大气中的生长过程，从而使接触电阻增大，触头易烧损.

（3）触头的熔焊

在短时通电时，在接触面上温度急剧升高，另一方面由于束流区附近的电流线弯曲，会产生触头自发分断的电动作用力，引起短电弧，两种情况都会导致触头熔化，其结果是触头熔焊，见图 5.1. 当通过触头的电流接近于熔焊电流临界值时，整个触头在某种程度上发生熔焊. 触头材质和触头表面状态直接影响到触头的抗熔焊性能. 不均一的接通和表面薄膜层的存在可以导致熔焊增强.

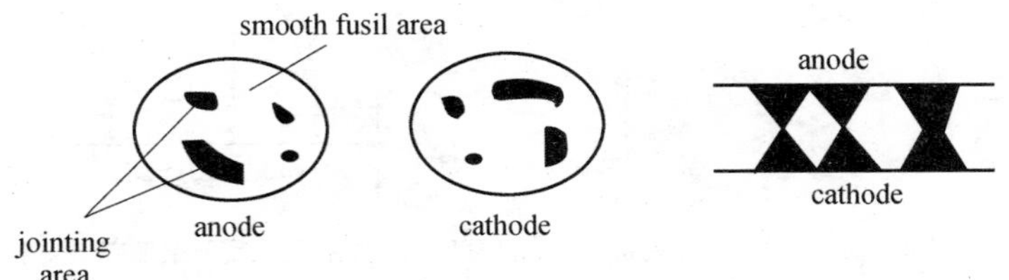

图 5.1　触头熔焊示意图

（4）触头材料的相变

电弧侵蚀过程中，触头材料的物相变化过程十分复杂. 在电弧热作用下，触头表面温度迅速上升超过材料熔点，材料由固体变为液、气体. 当电弧熄灭时，材料物相又由气体、液体变为固体[97]，见图 5.2. 因此，存在燃弧时的熔化、气化过程和熄弧时的凝固、冷凝过程. 图 5.3 为熔化凝固过程的两条曲线[98]. 图中 t_1 到 t_2 为熔化过程，从 t_2 到

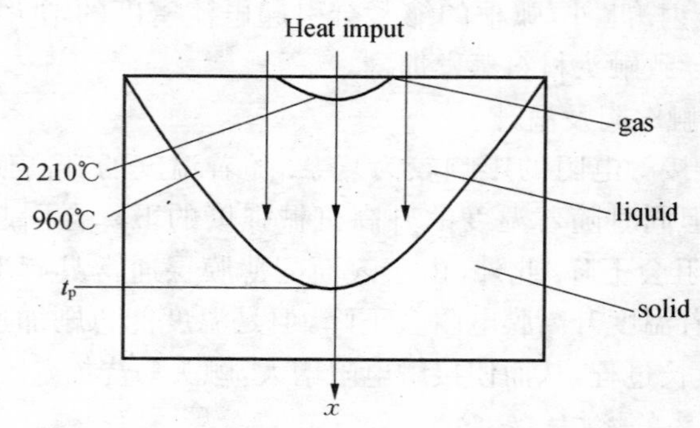

图 5.2　触头材料(Ag)相变过程示意图

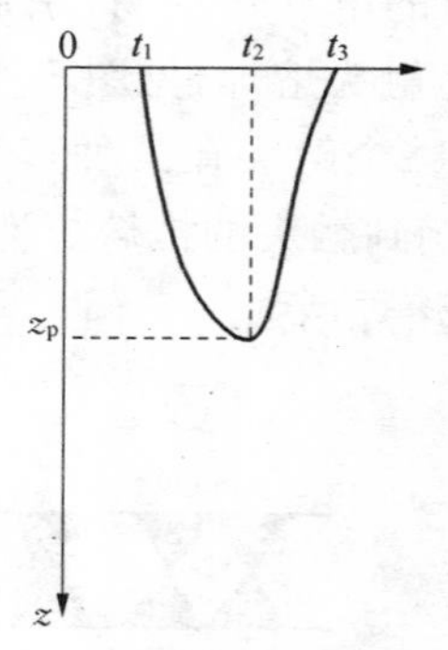

(a) 烧损区深度随时间变化关系

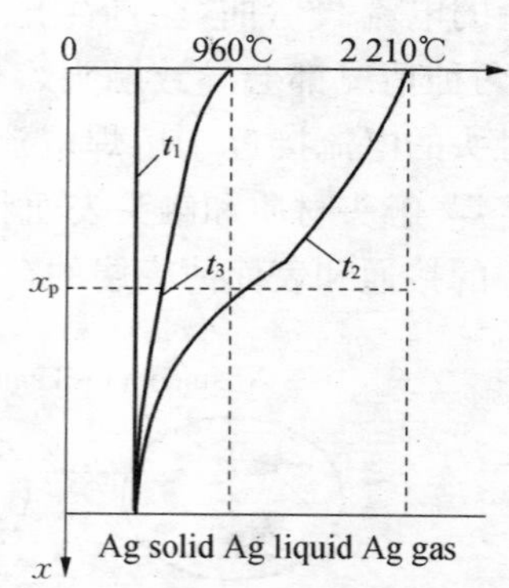

(b) 烧损区深度随温度变化关系

$z=0$ 为表面，$z=z_p$ 为烧损层边界，t_1 燃弧开始，t_2 燃弧结束，t_3 凝固结束

图 5.3　熔化凝固过程

t_3 为凝固过程. 在 $t_1 \sim t_2$ 期间,银熔化,液态 Ag 吸收环境中的气体及第二相粒子(如金属氧化物)分解释放的 O_2. 熔体在电磁作用、Maragoni 效应作用下发生搅拌,并伴有第二相粒子的分解、化学反应,微观结构开始重新排列组织. 在 $t_2 \sim t_3$ 期间,电磁作用不再存在,而 Maragoni 效应和自然对流的搅拌作用仍然存在,结构继续重新组合,银发生凝固并伴有气体(O_2、CO、CO_2)的排出释放,产生截留气泡.

5.1.2 四个体系 Ag 基触头材料的电弧作用

(1) AgNi 系触头材料

AgNi 材料早在 1939 年就应用于大负荷继电器中. 一般镍含量为 10%～30%,粉末冶金银镍触头材料抗熔焊性和耐侵蚀性好,接触电阻低且稳定,而且易于加工变形,因而在中等负载领域得到了广泛应用.

AgNi 体系有一特性是在温度极高时,Ag、Ni 相互溶解度增加. 高温下镍可以大量溶解于弧根处产生的银熔体中,冷却后沉积于银基体中形成均匀弥散分布,降低了材料的侵蚀率,而且冷却时会在触头表面形成富 Ni 区及其氧化物. AgNi 系材料的电弧侵蚀过程中溶解沉积效应起着决定性作用: 一方面,电弧与电极的相互作用过程中,由于洛仑磁力的旋转部分和液池中温度梯度引起的表面张力梯度共同作用形成液池速度场,当流速超过一定值时即会以小液滴形式喷溅出去;另一方面,熔融银与镍构成的分散体系中,由于液态金属间的粘度,将会减小液态金属的喷溅,而且粘度越大,将大大降低因喷溅引起的材料损耗[99]. 当 Ni 含量增加时会使接触电阻增加,耐电弧腐蚀性能降低.

观察 AgNi10 触头材料的熔焊区,发现在所有熔焊触头对上,均存在一个圆形熔焊区[100],在熔焊区上存在两种特征区,一是平滑的熔焊区,二是分布在熔焊区上的焊接点,存在着许多显微孔洞. AgNi 触头熔焊区形成的机理是: 触头接通灯负载时受到浪涌电流,会产生弹跳，此时会形成熔桥和电弧，由于电弧很短，产生的热量几乎完全传输给触头，在接触部位形成熔焊区．熔池温度高，四周又为相对较冷的金属所包围，因此熔池内外存在很大的温度梯度，熔池金属以很大的速度凝固结晶，在两触头的接触部位形成潜在的焊接点，当焊接点的熔焊力大于触头分断力时，就造成触头熔焊．

（2）AgW 或 AgWC 系触头材料

AgW 材料具有良好的导电导热性、耐电腐蚀性、抗熔焊性等优点，其缺点是接触电阻不稳定．AgW 触头材料的主要机制是 W 的骨架作用，当电弧高温作用于触头时，已熔化的银被骨架的毛细管所吸引，只能在高温下汽化，造成大量银的侵蚀，同时汽化的作用使钨粒子的温度低于其熔点，钨微粒被烧结在一起，形成可限制液态银流动的骨架，使得 AgW 具有较高的抗熔焊性和耐磨损性．Rieder[101]等人对烧结压制的 AgW 触头进行分断测试试验，发现测试初期压坯表面出现强电弧，引起压坯过量腐蚀．随后，电弧增加，开合操作次数亦增加，电弧腐蚀速率降低．另外，钨颗粒的尺寸也可以影响到触头材料的电弧腐蚀性能，只有钨粉具有一定的粒度大小和粒度组成时，才能形成理想的骨架结构，既有牢固相互连接的钨粒子所构成的网络又有光滑表面的开口毛细孔[102]．在钨颗粒尺寸由 2～8 μm 增至 25 μm 时，触头电腐蚀程度增加 2 倍，但是关于钨尺寸的影响报道是相互矛盾的，有文献指出，随着钨颗粒由 1 μm 增加到 20 μm 时，AgW 触头材料耐电弧腐蚀性增强[103,104]．

AgW 触头静熔焊试验后，其表面低熔点金属的含量增高，高熔点金属的含量减少，熔焊区的熔化变形面积较小，材料呈颗粒状[105]，这说明 Ag 熔化很不充分，这些熔化了的 Ag 凝固在 W 的粒子上而形成颗粒团，同时 AgW 熔区这种松散的颗粒团具有很低的焊接强度，故 AgW 材料的抗熔焊能力强．

AgWC 触头材料是利用 Ag 良好的导电、导热性，WC 的加入，能延长电弧燃烧的时间，提高抗熔焊性．经电腐蚀后，AgWC12 触头熔层表面表现出明显的结构松散，有裂缝，成分分布不均匀，而且 Ag 含量较试验前有大幅度降低，表面未发现气体喷发坑和孔洞，这说明电弧对触头表面层的高温熔炼过程中，并未有 Ag 液滴的喷溅；裂缝主要起因于缺少 Ag 引起的结构疏松．这并不代表熔层的 Ag 含量越高越有利于防止裂纹的产生和发展，研究表明[106]，Ag 的含量过高，反而加剧表面 Ag 的大片脱落．所以，保持适当的 Ag 含量，既能使熔池液体有粘性以减轻液滴喷溅，又可以防止裂纹产生．

含有钨和碳化钨的假合金的缺陷在于在工作时触头表面会形成钨酸银 Ag_2WO_4 或氧化钨 WO_3，使得接触电阻和温升急剧增大．CHI-HUNGLEUNG 和 HAMJ1KIM[107] 比较了经通断试验后 AgW、AgWC 表面微观区域，发现 AgWC 的表面相当干净，腐蚀产物较少，AgW、AgWC 触头材料的电弧腐蚀程度不同是由于 AgW 触头的 W 颗粒间的结合力相对好，腐蚀通过毛细管作用而优先开始迁移银．

（3）AgMeO 系触头材料

AgMeO 触头材料的电弧侵蚀是热、力、环境三方面综合作用的结果．AgMeO 触头材料主要包括 AgCdO 和 $AgSnO_2$ 两类，AgCdO 耐电腐蚀性好，抗熔焊强，接触电阻低而稳定，有良好的使用性能，但是由于 Cd 有毒，因而限制了其发展．$AgSnO_2$ 具有与 AgCdO 相当的性能，而且具有较高的热稳定性，无毒，已在许多方面开始取代 AgCdO 触头材料．AgMeO 触头材料侵蚀机理主要由表面动力学特性决定的，体现两个方面的机制[108]：一是 MeO 的分解和升华消耗了大量的电弧输入触头的能量，冷却了银基体，降低了侵蚀；二是由于 MeO 以颗粒形式悬浮表面，提高了液态金属的粘性，增加了银对触头的润湿性，减少了液态金属的喷溅引起的损失．

AgMeO 经过电弧腐蚀后有五种特征型侵蚀形貌[109]：1．富银区　富银区的产生是由于银的熔化流动汇集或喷溅沉积．以 AgCdO 为例[110]，CdO 易分解升华，产生富 Ag 贫 CdO 区，由于 Ag 易发生喷溅，使得触头熔焊趋势增大，侵蚀量增加，产生不良影响．通过增大液态 Ag 对 MeO 粒子的润湿性，可以抑制富 Ag 区的形成．2．MeO 的

聚集区　在熔化凝固过程中，当MeO粒子的浮出运动速度大于凝固前沿成长速度时，MeO易于到达表面产生聚集，从而增大了接触电阻，产生高温，使与其相连的富Ag区熔焊趋势增大. 解决途径是增大液态Ag对MeO粒子的润湿性，使MeO粒子更易溶入液态Ag，并且使液态银在MeO聚集区更易铺展 . 3. 气孔和孔洞　电弧热作用下，Ag的蒸发及MeO粒子的分解、升华和蒸发都会导致气孔和孔洞产生，从而弱化了触头机械强度，减少熔焊趋势，另一方面又易于脆化产生裂纹，增大侵蚀 . 4. 颗粒孔结构　颗粒孔主要存在于熔化层内部，它由难熔相粒子作骨架，稳定了Ag基体，并限制了表面难熔相的聚集，但是有产生裂纹的趋势，影响不大，因此颗粒孔的适当存在是利于材料抗侵蚀性提高的 . 5. 裂纹　裂纹既存在于表面，也可深入触头内部，是一种最具危险性而又不易消除的形貌. 由于材料的组织缺陷和电弧的热力作用都有利于裂纹的产生和扩展，因此液态Ag对第二相粒子润湿性良好、材料机械强度高、热导率大和不同组元的热膨胀系数相差不大都会在一定程度上减轻裂纹.

(4) AgC系触头材料

AgC系触头材料在弧触头和滑动触头应用方面已有很长的历史[111]. 由于这类材料具有高的抗熔焊性和低而稳定的接触电阻，其主要缺点是磨损大，侵蚀率高，灭弧性能差.

AgC系的主要机制在于石墨与大气中氧的作用. 石墨的主要作用是阻止触头的粘接和熔焊，且不易形成任何的绝缘物. 在被加热的高温弧柱区域，碳粒显著燃烧形成CO气体，并逸出触头，从而在触头表面形成多孔疏松的富银层，故AgC材料在工作过程中始终保持着较低的接触电阻. 表面的疏松多孔使得无论纤维方向与接触面平行还是垂直，都有良好的抗熔焊性. 对于平行类型的AgC材料有更强的抗熔焊性和更大的材料侵蚀率. 但是石墨有稳定电弧的倾向以及空气中的热稳定性差，因而造成AgC系材料的侵蚀率高.

P. C. Wingert[58]等人观察静止间隙试验后AgC触头形貌，发现由电弧造成的破坏几乎是在整个触头表面均匀分布的，阳极表面形成金属小丘，阴极表面为网状的银墙. 这些凸墙的柱状颗粒是由触头本体金属固化而来. Gray 和 Pharney[112]解释了这种形貌，认为弧根趋于稳定在一个石墨颗粒上，周围的银被熔化并在弧柱产生的压力下向周边凸起. 当电弧熄灭或运动到新的地方后，热量向触头本体传走，凸起的熔化金属便立即固化.

另外，石墨颗粒大小对熔焊性能也有影响，粗粒石墨比细粒石墨触头的熔焊力大，因为粗粒石墨之间空间较大，触头表面银较多，造成金属与触头本体粘接的面积较大. 图 5.4 为燃弧时碳可以保留和沉积在触头表面的过程. 高温使碳从石墨中气化出来并进入到电弧中去，形成不同的化合物，如图 5.4(a). 当电弧熄灭或运动到别处，温度降低，大气下的稳定碳化合物改变，如果条件满足[113]，碳便沉积在触头表面，见图 5.4(b).

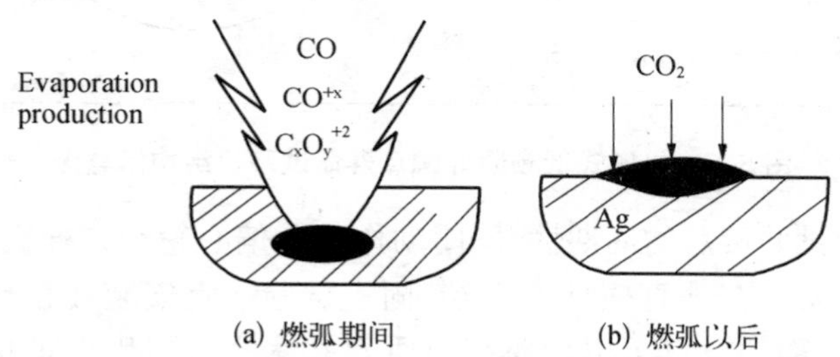

(图示触头表面如何由石墨颗粒蒸发出碳，然后又沉积到触头表面上. 黑色面积为碳/石墨，影线面积为银)

图 5.4 燃弧期间和燃弧以后的触头表面

5.2 触头电弧磨损试验

5.2.1 试验装置

电弧磨损分断试验是在 ASTM(American Standard Test Method)机械式低频断开触头材料寿命试验机上进行的，其原理示意图如图 5.5 所示.

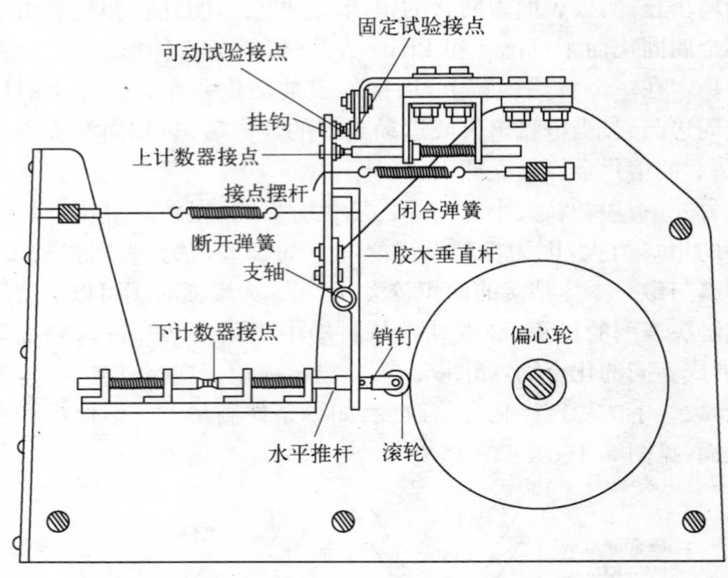

图 5.5 机械式低频断开触点寿命试验机结构示意图

图中试验接点的周期性开-闭动作是由偏心轮和杠杆机构带动，可动接点安装在垂直摆杆的上端，固定试验接点安装在顶部的支架上，松开上面的螺钉可以调整接点垂直和水平位置以保证接点中心对准. 偏心轮由马达蜗杆机构带动，转动速度为 20～200 r/min. 偏心轮通过滚轮推动水平推杆往复运动，推杆上有一销钉又带动活动的接点摆杆，当水平推杆向左移动而垂直摆杆由销钉带动绕支轴向右旋转时，依靠系在接点摆杆上的闭合弹簧的拉力使接点闭合，当水平推杆向右移动时，销钉不起作用，依靠系在垂直的接点摆杆上的拉力更大一些的断开弹簧使接点拉开. 设备上的闭合弹簧和断开弹簧的拉力可以通过拧动机架上的螺钉进行调整. 在摆杆上活动接点处安有一小的挂钩，用测力计可以直接测量接点的闭合力、断开力.

在实际制成的设备上，可以并排安装三套接点开闭机构，同时测试三对接点. 试验装置的电路包括三个部分，计数器部分、延时电子断路器部分和负载部分. 其中计数器部分用于自动记录试验接点的开闭次数;延时电子断路器部分的作用是使设备在接点完全熔焊时自动停车;负载部分的电路是为了给试验接点提供电源和电容电感及电阻等负载的,包括稳压器、整流器、可变电阻器、可变电感器和可变电容器.

5.2.2 试验方案及材料

(1) 方案一：两种工艺 Ag－5%C 触头不间断分断电弧磨损性能对比试验

目的：鉴于传统粗石墨机械混粉工艺 Ag－5%C 触头一直很难满足 ABB 等电器跨国企业生产的小型断路器对触点材料性能的严格要求,针对北京 ABB 低压电器有限公司生产的小型断路器工况,在现有试验条件下,采用与紫铜材料配对,对比测试制备出的球磨-包覆工艺新型 Ag－5%C 触头与粗石墨机械混粉触头不间断分断电弧周期内的耐电弧磨损性能和抗熔焊性能,为新型触头的型式开关试验作基础准备工作.

选取两种工艺制备的 Ag－5%C 触头作 10 000 次不间断分断电弧磨损对比分断试验：

工艺 1：粗石墨机械混粉;

工艺 2：10 h 球磨石墨液相喷雾化学包覆.

每组材料分别制成 Φ6 mm×2 mm 圆片状的触点若干个,采用铜焊将触点焊接在试验机用基座上(触座材料为黄铜),将焊接好的触点连带触座用稀盐酸酸洗处理表面,用吹风机吹干. 焊接好的触点表面用 3# 和 5# 金相砂纸磨平、磨光,并在万分之一精度的分析天平上称重. 并以相同尺寸的紫铜触点作为配对动触点,一起装配到触头材料试验机上进行电弧磨损对比分断试验.

(2) 方案二：多种工艺 Ag－5%C 触头分阶段电弧磨损性能对比试验

目的：分别以同种材料配对,在现有试验条件下利用 ASTM 触头材料试验机测试并探索常规机械混粉工艺、球磨-包覆工艺以及纳米晶包覆粉配比添加工艺制备出的 Ag－5%C 触头分阶段分断电弧的耐电弧磨损性能及其分断周期内的电弧磨损特性，为球磨-包覆工艺相较于传统机械混粉工艺对 AgC 触头电磨损性能及其组织的影响作初步的理论研究.

选取论文第四章 4.3.4 中 1＃、2＃、3＃、4＃、5＃及 6＃共 6 组触头作分阶段电弧磨损性能对比分断试验.

将上述 6 组触头在 ASTM 触头材料试验机上同等条件下作分阶段电弧磨损分断试验，所有测试试样均为圆片状，尺寸为 Φ6 mm×2 mm. 试样焊接在 Cu 基座上，将焊接好的触点连带触座用稀盐酸酸洗处理表面，用吹风机吹干. 焊接好的触点表面用 3＃和 5＃金相砂纸磨平、磨光，并在万分之一精度的分析天平上称重. 静触点与动触点采用相同材料配对.

5.2.3 试验参数

(1) 方案一试验参数

采用机械式低频断开 ASTM 触点寿命试验机在 AC20A 条件下模拟断路器工况条件进行不间断电弧磨损分断试验，两种工艺触头各选 3 个样品作为静触点，相同尺寸紫铜配对动触点，不间断进行 100 00 次连续分断周期，测量材料分断和损耗情况. 试验参数如下：

① 分断电流：20 A(rms.)，50 Hz 交流；

② 分断电压：220 V；

③ 功率因素：$\cos\varphi=0.51$；

④ 操作频率：60 次/min；

⑤ 接触力：75 g；

⑥ 断开力：100 g.

利用万分之一精度的分析天平(TG328B)来测量分断 10 000 次后触点材料的损耗，采用扫描电镜(SEM，S－570)观察电弧作用后的触点表面组织形貌，并结合能谱仪(EDAX，Phoenix)进行微区成分分析.

(2) 方案二试验参数

采用机械式低频断开 ASTM 触点寿命试验机在 AC17A 条件下进行分阶段电弧磨损分断试验,6 组触头各选 6 个样品,静触点与动触点采用相同材料配对,分阶段进行 100 次、500 次、1 000 次、2 000 次、4 000 次和 6 000 次分断电弧磨损,测量材料分断和损耗情况. 试验参数如下:

① 分断电流:17 A(rms.),50 Hz 交流;

② 分断电压:220 V;

③ 功率因素:$\cos\varphi=0.40$;

④ 操作频率:60 次/min;

⑤ 接触力:75 g;

⑥ 断开力:100 g.

利用万分之一精度的分析天平(TG328B)来测量各阶段分断后触点材料的损耗,采用扫描电镜(SEM,S-570)观察电弧作用后的触点表面组织形貌,并结合能谱仪(EDAX,Phoenix)进行微区成分分析.

5.3 试验结果及分析

5.3.1 方案一试验结果

两种材料电弧磨损性能测试结果如表 5.1 所示:

表 5.1 粗碳粉机械混粉工艺与球磨-包覆工艺制备的 Ag-5%C 触头 ASTM 触头材料试验机不间断分断 AC20A 电弧磨损性能

材 料	分断次数 次	熔焊次数 次	质量损失 mg	平均值 mg	平均质量损失 mg/次
粗 C 机械混粉 Ag-5%C	10 000	1	178.6	186.8	0.018 68
		1	190.3		
		1	191.5		

续 表

材 料	分断次数 次	熔焊次数 次	质量损失 mg	平均值 mg	平均质量损失 mg/次
球磨-包覆工艺 Ag－5%C	10 000	0	106.9	108.7	0.010 87
		0	107.7		
		0	111.5		

从上表中可以看到：对于粗 C 机械混粉 Ag－5%C 三组触头在 10 000 次分断周期内各发生一次熔焊，而球磨-包覆工艺制备 Ag－5%C 三组触头均无熔焊现象发生；而在改善 Ag－5%C 触头最薄弱的耐电弧腐蚀性能上球磨-包覆工艺的应用则充分体现了其优越性，所制备触头 10 000 次分断周期内平均分断电弧质量损失仅为0.010 87 mg，远低于粗 C 机械混粉触头的 0.018 68 mg，即触头的抗电弧腐蚀性能提高了 40%以上. 可见，纳米技术的应用同时改善了该材料的耐电弧腐蚀性能和抗熔焊性能，从而使其开关运行性能得以充分改善.

5.3.2 方案二试验结果

在 ASTM 触头材料试验机上得到的常规机械混粉工艺触头(1＃)与球磨-包覆 Ag－5%C 触头(6＃)及混合配粉 4 组触头(2＃、3＃、4＃、5＃)分阶段分断抗电弧腐蚀性能测试结果如表 5.2 所示. 从表 5.2 中明显可以看到，各组样品在电弧磨损最初阶段损耗量相差不大，随着分断次数的增加，相较于常规机械混粉工艺触头(1＃)，球磨-包覆 Ag－5%C 触头(6＃)在同等电弧磨损条件下每一阶段均表现出少得多的材料损耗量，即表现出了优异得多的耐电弧磨损性能.

从图 5.6 可以看到，Ag－5%C 机械混粉触头(1＃)随分断次数电弧磨损量呈指数大于 1 的指数函数规律上升，即到分断后期，由于工作面坑洼程度加剧导致电涡流磨损现象的存在，电弧对触头的腐

表 5.2　6 组样品 ASTM 触头材料试验机分阶段分断 AC17A 电弧磨损性能

损重(mg) 样品 / 分断次数	1#	2#	3#	4#	5#	6#
100	0.73	0.35	0.60	0.10	0.07	0.30
500	2.50	1.60	2.83	1.48	1.25	0.93
1 000	5.77	4.08	5.88	5.35	2.72	1.80
2 000	14.13	9.90	12.80	12.45	6.97	3.70
4 000	33.12	20.73	27.35	28.60	16.58	9.28
6 000	53.90	28.45	44.48	41.40	26.53	12.60

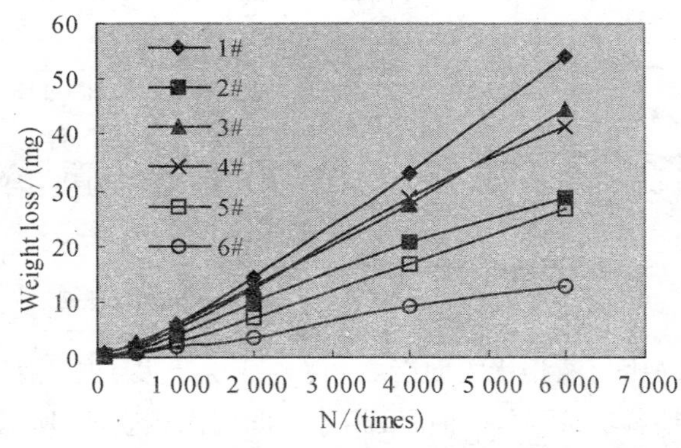

图 5.6　6 组样品 ASTM 触头材料试验机分阶段分断 AC17A 电弧磨损特性

蚀越严重，触头性能急剧劣化甚至失效．混合配粉烧结的 4 组触头(2#、3#、4#及 5#)的电弧磨损特性与之相类似，但其相同分断次数下的损耗量均随混合的纳米晶包覆粉含量的增多而呈下降趋势．其中 20%/Ag - 5%C 触头(2#)呈现不一致规律，其电弧磨损特性好于 40%及 60%混粉触头，接近 80%混粉触头．而制备出的球磨-包覆

Ag－5%C 触头(6＃)随分断次数电弧磨损量呈近线性规律变化，在分断各阶段电弧腐蚀对材料的损耗程度比较稳定，不会出现分断后期损耗加重性能急剧劣化的情况.

5.3.3 分断试验后组织观察分析

根据润湿性理论，液相对固相颗粒表面的润湿性由固相、液相的表面张力(比表面能) γ_S、γ_L 以及两相的界面张力(界面能) γ_{SL} 所决定. 如图 5.7 所示：当液相润湿固相时，在接触点 A 用杨氏方程表示平衡的热力学条件为[86]：

$$\gamma_S = \gamma_{SL} + \gamma_L \cos\theta \tag{5.1}$$

式中：θ——润湿角或接触角

当 $0° \leqslant \theta < 90°$，液相对固相颗粒表面润湿，图 5.7 表示部分润湿的状态.

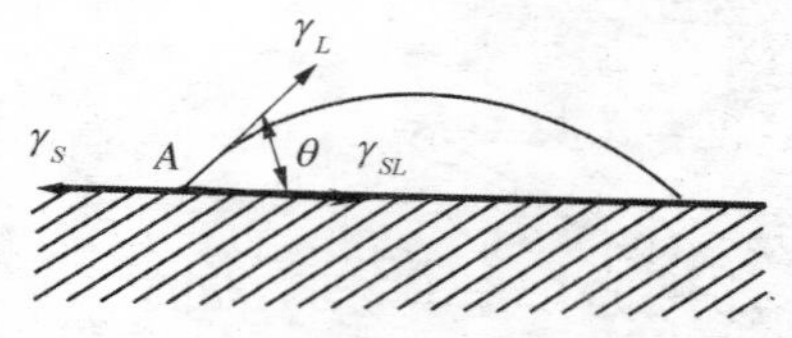

图 5.7 液相润湿固相平衡图

影响润湿性的因素是复杂的. 根据热力学的分析，润湿过程是由所谓粘着功决定的，可由下式表示：

$$W_{SL} = \gamma_S + \gamma_L - \gamma_{SL} \tag{5.2}$$

说明，只有固相与液相比表面能之和 ($\gamma_S + \gamma_L$) 大于固-液界面能 γ_{SL} 时，也就是粘着功 $W_{SL} > 0$ 时，液相才能润湿固相表面. 所以，减小 γ_{SL} 或减小 θ 将使 W_{SL} 增大对润湿有利.

对于常规粉末冶金材料，固、液相本身的比表面能 γ_S 和 γ_L 不能直接影响 W_{SL}，因为它们的变化也引起 γ_{SL} 改变，单纯增大 γ_S 并不能改善固液两相间的润湿性.

液态银对常规粗石墨几乎不润湿，即 $\cos\theta = (\gamma_S - \gamma_{SL})/\gamma_L < 0$，也就是 $\gamma_S < \gamma_{SL}$. 本论文中通过对粗石墨进行高能球磨，得到一维纳米尺度纳米石墨粉，与原始粗石墨相比，其比表面积和比表面能大大

提高,也就是说 γ_S 有了极大的提高. 在高能球磨的作用下,纳米尺度的石墨比表面能的增大幅度可以认为超过了其与液态银间的界面能 γ_{SL} 的改变,这样,在一定程度上高能球磨技术提高了液态银对球磨纳米石墨的润湿性. 这一点,在我们后面的试验结果里得到了很好的证实(由于试验条件的限制,粗石墨和球磨纳米石墨的比表面能 γ_S 很难测定). 球磨-包覆 Ag－5%C 触头电弧磨损分断试验中,在电弧瞬时高温热冲击下,其工作面上众多的熔融小 Ag 珠和近球形的大颗粒 Ag 能够粘附在基体上而未喷溅剥离基体,充分说明高能球磨技术提高了液态银与球磨纳米石墨间的润湿性(见图 5.8 和图 5.9).

(a) 粗 C+ 机械混粉工艺

(b) 球磨 C+ 喷雾－包覆工艺

图 5.8　粗 C＋机械混粉与球磨 C＋喷雾-包覆两种工艺 Ag－5%C 电弧腐蚀后触头局部松散结构区形貌

触头在电弧的瞬时高温热冲击下,基体金属将产生蒸发剥离或者形成液态微熔池和熔融小液滴喷溅脱离表面,造成材料损失乃至失效. 对于 AgC 触头而言,熔融 Ag 小液滴的喷溅脱离工作面是材料损失的主要形式. 由于 Ag 与 C 之间差的润湿性,任何改善其润湿性的因素都将有利于提高材料的抗电弧腐蚀能力. 经高能球磨处理后

(a) 粗 C+ 机械混粉工艺

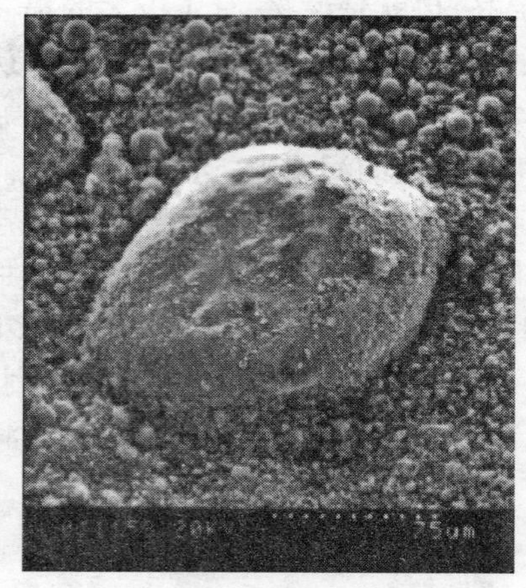

(b) 球磨 C+ 喷雾 - 包覆工艺

图 5.9　粗 C+机械混粉与球磨 C+喷雾-包覆两种工艺 Ag-5%C 电弧腐蚀后触头表面形貌

的石墨具有极大的表面能和表面活性，能够提高它对液态 Ag 的润湿. 同时，新工艺所实现的 Ag 颗粒在 C 上的包覆使两相之间产生了物理结合界面，强化了它们的物理结合强度，也可以弥补润湿性的不足. 相对强化的结合强度以及改善的润湿性能将有助于阻止熔融 Ag 喷溅脱离基体表面，这一点从图 5.8 和图 5.9 中可以清楚地看出.

图 5.8 和图 5.9 分别给出了粗 C+机械混粉与球磨 C+喷雾-包覆两种工艺 Ag-5%C 触头在 AC20A 电流条件下经 ASTM 材料试验机电弧磨损分断试验后的局部松散结构区组织及触头表面形貌.

如图 5.8 所示，电弧作用以后，在触头工作面上形成局部松散结构区，在球磨 C+喷雾-包覆 Ag-5%C 该区域存在众多的熔融小 Ag 珠粘附在基体上，而在粗 C+机械混粉 Ag-5%C 相同区域却被剥离出原始基体组织；类似的，在电弧高温瞬时冲击下，近球形的大颗粒 Ag 珠能够粘附在球磨 C+喷雾-包覆 Ag-5%C 材料表面，而在粗 C+机械混粉 Ag-5%C 工作面上仅存留有大块熔融 Ag 根，如图 5.9

所示.

可见,由于球磨 C+喷雾-包覆 Ag-5%C 改善了两相间的润湿性和物理结合强度,从而可减少 Ag 液的喷溅侵蚀,这样可使触头材料的电弧磨损量减少,有助于延长触头的使用寿命.

尽管在工作面上形成了大颗粒 Ag 珠,球磨 C+喷雾-包覆 Ag-5%C 相比粗 C+机械混粉 Ag-5%C 具有更好的抗熔焊性能. 这一点是缘于两方面的因素: 对于球磨 C+喷雾-包覆 Ag-5%C,制备过程中经高能球磨后的石墨具有更大的体积分数和更小的尺寸,造成金属与触头本体粘接的面积较小;另一方面对图 5.9(a)和(b)整个区域所作的能谱分析结果表明,球磨 C+喷雾-包覆 Ag-5%C 材料在电弧作用以后倾向于有更多的石墨沉积在表面,形成一层肉眼可见但在扫描电镜下不可分辨的覆盖在表面的石墨膜层,导致表面石墨含量远高于原始成分,如表 5.3 所示. 形成的石墨膜层有助于减小金属之间的熔焊几率.

表 5.3　图 5.9(a)和(b)整体区域 EDS 成分测试结果

材　　料	Ag(%)	C(%)
粗 C+机械混粉 Ag-5%C (图 5-9(a))	92.57	7.43
球磨 C+喷雾-包覆 Ag-5%C (图 5-9(b))	86.79	13.21

5.3.4　新型 AgC 触头电弧磨损特征

材料的电弧侵蚀是一个非常复杂的过程,它不仅与环境条件、负载条件有关,而且与电极材料的组织结构性质有关[114]. 电极材料的组织结构性质主要包括: 材料的制造方法、成分含量、材料晶粒大小及排列方向、致密性及添加剂种类等等. 长时间烧蚀过的电触头,不仅材料的质量有一定数量的损失,而且可导致触头材料表面或一定深度内部的成分及形貌发生改变,从而影响开关电器的电接触性能. 在电弧产生瞬时高热电流作用下,材料可能从表面蒸发掉,可能形成小液滴，在电弧或开关装置的机械作用下从表面吹走或喷溅出去，表面因此变得凹凸不平，材料剥离，改变了触点材料的机械性能和电性能，也可能产生裂纹并扩展到触头体内，造成材料损失乃至失效.

通过对粗石墨机械混粉工艺和 10 h 球磨石墨液相喷雾化学包覆新工艺制备的 Ag－5%C 触头材料分断试验后的组织形貌的观察和分析，我们可以归纳出 Ag－5%C 材料的侵蚀表面的特征形貌有以下几种：

结构松散区：由于在电弧作用下，石墨有稳定电弧的作用，石墨与周围气氛中的氧和氮反应，形成 CO 和 CN 气体，从表面熔融的银池中以气泡的形式溢出，减少了电弧作用下银的飞溅和蒸发，形成了这种类似海绵状的松散结构形貌[59,101,115]. 这种松散结构具有较低的机械强度，因此，动触头和静触头之间形成的焊接力是非常小的，使银石墨材料具有较高的抗熔焊性. 但另一方面，这种结构不利于高的抗电弧磨损性能. 电弧作用下银石墨触点材料表面与电弧作用的机理[58]如图 5.10 所示. 此外，石墨在触头表面的升华和重新凝聚，有利于形成松散结构. 两种工艺制备 Ag－5%C 材料分断试验后松散结构形貌如图 5.11 所示.

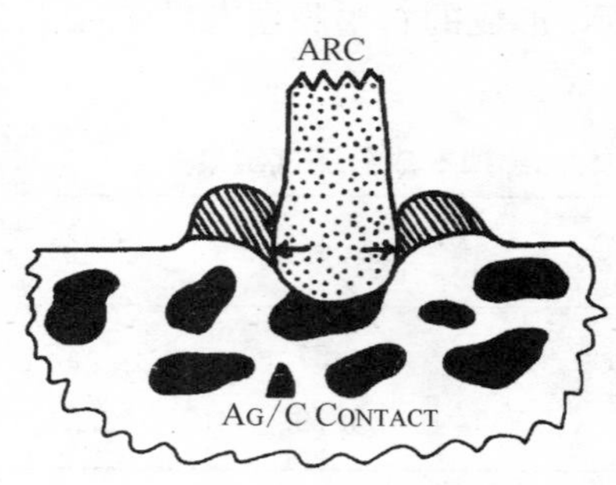

图 5.10　电弧与银石墨触点表面的作用机理

从图 5.11 可以看出，这两种工艺得到材料的松散区是有一定区别的. 其中，在 10 h 球磨纳米石墨包覆工艺触头的松散结构中，出现了许多小银珠. 在电弧的瞬时高温热冲击下，基体金属将产生蒸发剥离或者形成液态微溶池和熔融小液滴喷溅脱离表面，对于 AgC 触头而言，熔融 Ag 小液滴的喷溅脱离工作面是材料损失的主要形式. 由于银和石墨之间润湿很差以及它们之间较差的界面结合状态，因此，任何改善其界面结合状态和润湿性的因素都将有利于提高材料

(a) 工艺 1 粗石墨机械混粉

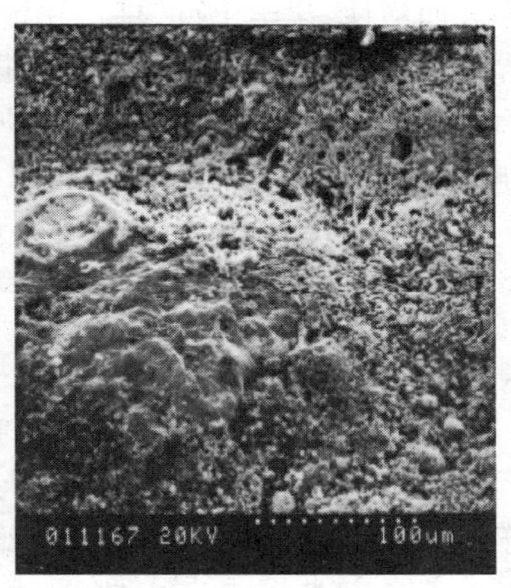

(b) 工艺 1 粗石墨机械混粉

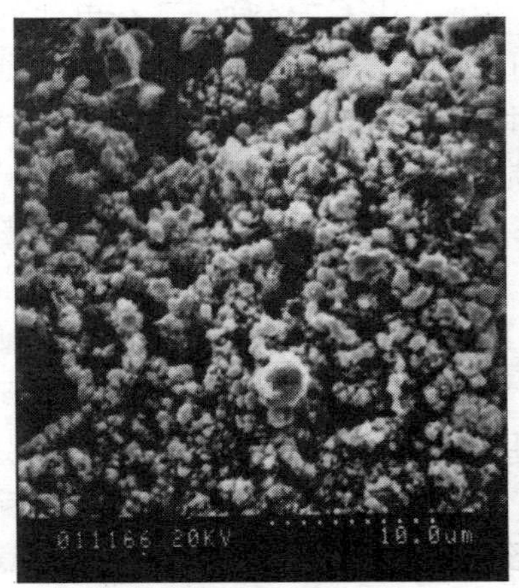

(c) 工艺 2 10 h 球磨石墨液相喷雾化学包覆

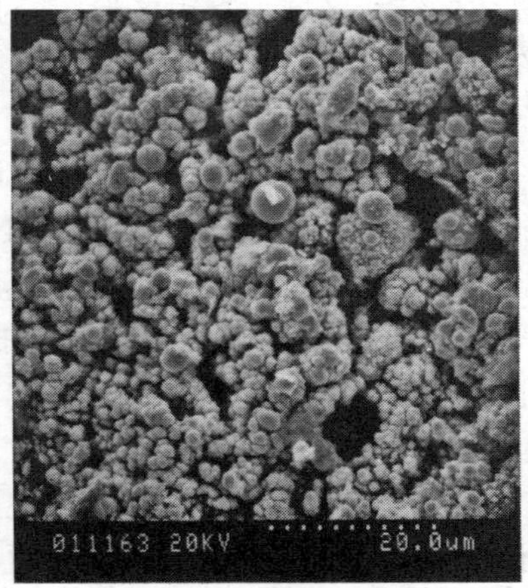

(d) 工艺 2 10 h 球磨石墨液相喷雾化学包覆

图 5.11　两种工艺制备 Ag－5%C 材料分断试验后松散的工作区形貌

的抗电弧腐蚀能力.经高能球磨处理后的石墨具有极大的比表面能和表面活性,化学包覆银后,在银和石墨两相之间产生了物理结合界面,强化了它们的物理结合强度,一定程度上弥补了该材料中银与石墨润湿性不足的问题,因此,熔融的小Ag珠能够在球磨石墨液相喷雾化学包覆工艺制备的材料电磨损试验后的组织中存在,在电弧高温瞬时冲击下,近球形的大颗粒Ag珠能够粘附在材料工作面,这也是液态银对石墨润湿性改善的体现.而粗石墨混粉工艺触头电弧腐蚀后工作面上很少出现银珠,银珠以熔融小液滴脱离材料的表面.

富银区:在银基触头材料电弧侵蚀后的形貌中,试样都有富银区,富银区的产生是由于银的熔化流动汇集或喷溅沉积.由于在电弧作用下,触头表面大量的银变成熔融的银,形成银的熔池,在温度降下来之后,这些熔融的银就在触点材料的表面形成富银区.图5.12是两种工艺制备的Ag－5%C材料分断试验后组织中的富银区,其中白亮色的结块区域为富银区形貌.对于Ag－5%C材料而言,在电弧的作用下触头工作面产生富Ag贫C区后,由于Ag易发生喷溅,使得触头熔焊趋势增大,侵蚀量增加,产生不良影响.通过增大液态Ag对C的润湿性,可以抑制富Ag区的形成.但对于这两种工艺Ag－5%C触头而言,表面在电弧冲击作用下形成的富Ag区,对触头性能的影响却不尽相同.球磨C+喷雾-包覆Ag－5%C相比粗C+机械混粉Ag－5%C具有更好的抗熔焊性能,这一点是缘于两方面的因素:对于球磨C+喷雾-包覆Ag－5%C,制备过程中经高能球磨后的石墨具有更大的体积分数和更小的尺寸,造成金属与触头本体粘接的面积较小;另一方面,球磨C+喷雾-包覆Ag－5%C材料在电弧作用以后倾向于有更多的石墨沉积在表面,形成一层肉眼可见但在扫描电镜下不可分辨的覆盖在表面的石墨膜层,导致表面石墨含量远高于原始成分,形成的石墨膜层有助于减小金属之间的熔焊几率.

C沉积区:在电弧作用下,石墨除了与环境中的氧和氮反应形成气体从表面熔融的银池中以气泡的形式溢出外,还可能在触头表面

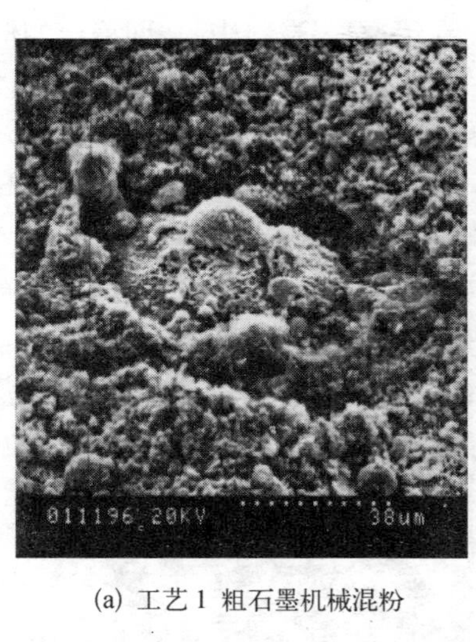

(a) 工艺 1 粗石墨机械混粉

(b) 工艺 1 粗石墨机械混粉

(c) 工艺 2 10 h 球磨石墨液相喷雾化学包覆

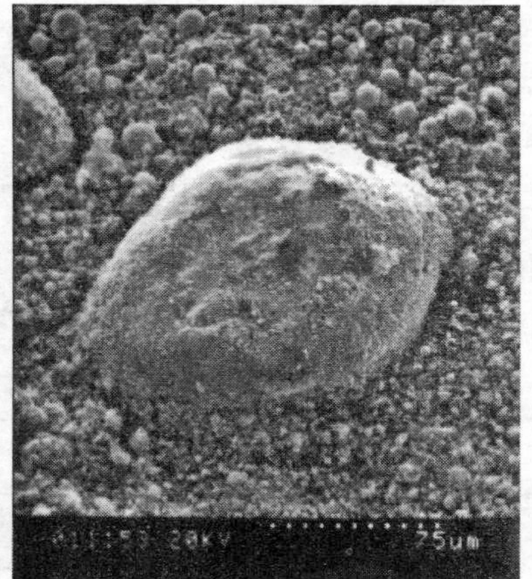

(d) 工艺 2 10 h 球磨石墨液相喷雾化学包覆

图 5.12　两种工艺制备的 Ag－5%C 材料分断试验后组织中的富银区

升华和重新凝聚，形成 C 沉积区，如图 5.13 所示，其表面石墨含量远高于原始成分，示于表 5.4 和表 5.5. 在银-石墨材料中，长期稳定的低接触电阻和高的抗熔焊性，就与此相关. 从表 5.4 和表 5.5 中同样可以发现，球磨 C+喷雾-包覆 Ag－5%C 触头相比粗 C+机械混粉 Ag－5% C 触头在电弧作用以后倾向于有更多的石墨沉积在表面，形成 C%更高的 C 沉积区，进一步完善了 AgC 系触头材料的抗熔焊性能.

(a) 工艺 1 粗石墨机械混粉

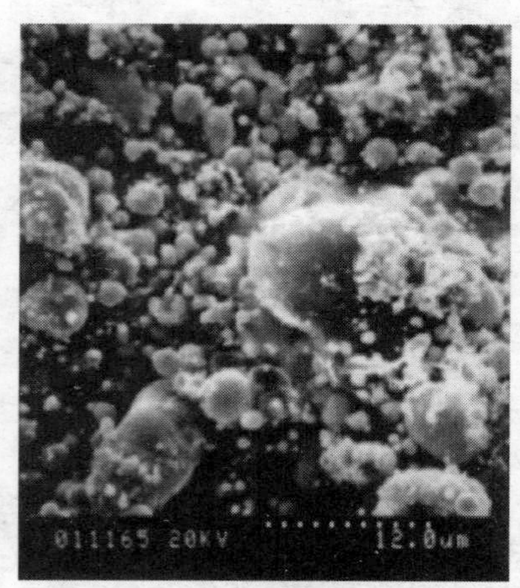

(b) 工艺 2 10 h 球磨石墨液相喷雾化学包覆

图 5.13 两种工艺制备的 Ag－5%C 材料的 C 沉积区形貌

表 5.4 图 5.13(a)整体区域 EDS 成分测试结果

材　　料	Ag(%)	C(%)
粗石墨机械混粉 Ag－5%C (图 5.13 (a))	87.56	12.44

表 5.5 图 5.13(b)整体区域 EDS 成分测试结果

材　　料	Ag(%)	C(%)
10 h 球磨石墨化学包覆 Ag－5%C (图 5.13 (b))	77.49	22.51

电弧冲击坑：电弧放电过程中，电弧根部产生的热物理过程由于能量集中释放在触头表面和近表面层中，会引起触头材料的熔化和蒸发，这就是触头电烧蚀的原因[89]. 随着电流的增大和放电时间的延长，在电弧基部将形成熔化金属的熔池，并发生强烈的蒸发和熔化金属滴的溅射. 此外，弧根的缩紧会引起电流密度的增大，弧根温度升高，从而导致触头材料蒸发加剧. 在这两种工艺 AgC 材料中均不同程度地观察到了电弧形成的冲击坑，如图 5.14 所示. 由于电弧一般在石墨上移动性较差，因此，电弧停留的过程就是释放电能的过程，由于能量的放出，使基体变成熔融的银和石墨挥发或与周围气氛反应形成气体溢出而带走一部分能量，最后在触点表面形成冲击坑. 在图 5.14 中，电弧冲击的痕迹清晰可见，电弧在此释放了较大的能量.

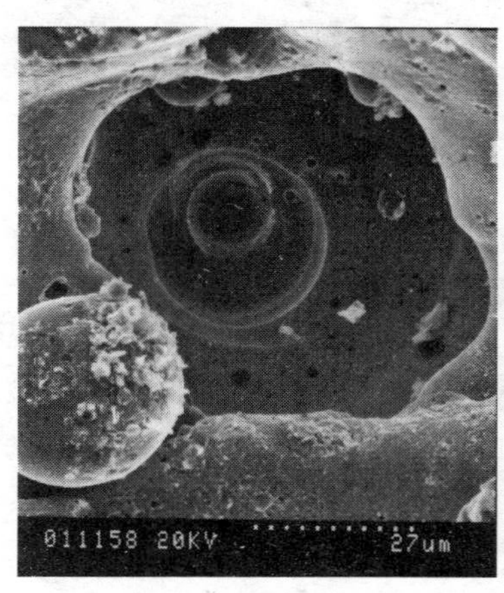

(a) 工艺 1 粗石墨机械混粉

(b) 工艺 2 10 h 球磨石墨液相喷雾化学包覆

图 5.14 两种工艺制备的 Ag－5%C 材料的电弧冲击坑形貌

气孔和孔洞：电弧热作用下，Ag 的蒸发及 C 与环境中的氧和氮作用形成气体并从表面熔融的银池中以气泡的形式溢出，都会导致气孔和孔洞产生，如图 5.15 所示，从而会弱化触头机械强度，减少熔焊趋势；另一方面又易于脆化产生裂纹，增大侵蚀. 触头表面裂纹和孔洞的存在将引起触头表面区域结构的疏松，其最终结果是能够增大材料的电弧侵蚀量.

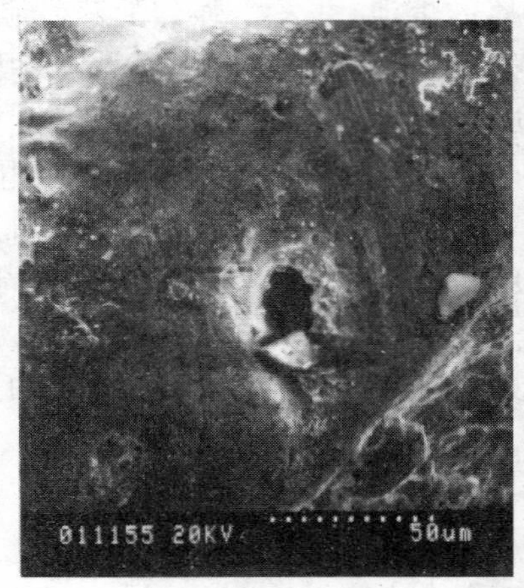

(a) 工艺 1 粗石墨机械混粉

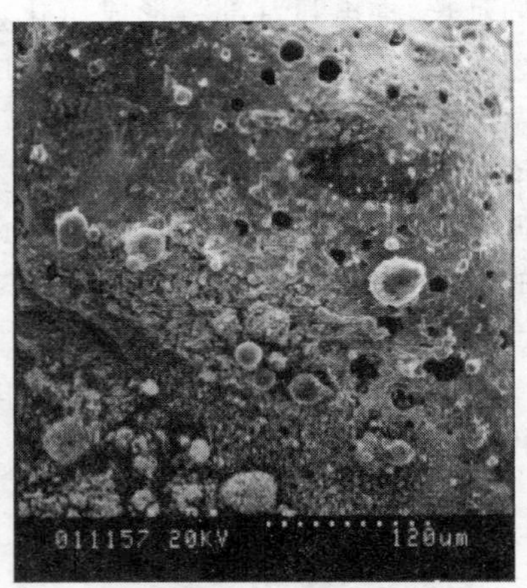

(b) 工艺 2 10 h 球磨石墨液相喷雾化学包覆

图 5.15 两种工艺制备的 Ag－5%C 材料的气孔和孔洞形貌

裂纹：触头表面裂纹及其扩展现象是电弧侵蚀的重要形貌特征之一，裂纹既存在于表面，也可深入触头内部，是一种最具危险性而又不易消除的形貌. 裂纹的存在可明显加快触头材料的侵蚀量和缩短电器设备的使用寿命[116]，最终导致开关电器或整个生产系统的瘫痪，造成的损失远远高于元件本身的价值. S. Kang 和 C. Brecher 在 1989 年对 $AgSnO_2$ 表面裂纹扩展现象进行了分析并提出触头表面裂纹是由于电弧热作用[117]. 郭凤仪研究发现[118]，触头表面裂纹扩展现象是一个非常复杂的问题，它不仅与电弧的热作用有关，而且与触头材料及触头闭合压力有关，不同闭合压力及不同开断电流作用下的电触头表面裂纹具有不同的类型，或呈现不同的特征，其裂纹扩展机理亦不相同. 影响触头裂纹产生及扩展的因素主要有晶界、相界面的结合强度、电弧热应力及表面的润湿性能等. 材料内部结构中的薄弱环节,如固有缺陷、夹杂的粒子、晶界面,尤其是相界面结合力的薄弱性常常是裂纹产生的起始点. 晶界面指晶粒之间的分界面,是不同方位晶体的过渡区,具有高温下强度弱化性质;相界面则是指不同组分相之间的分界面. 对于粉末冶金工艺 AgC 触头,Ag 基和石墨间松散脆弱的结合力在高温下更加衰弱,极易使 Ag 与 C 相界形成初始裂纹. 热应力是表面裂纹形成和扩展的驱动力,AgC 材料内部各点的断裂强度是不均匀的,当材料内部的热应力超过了材料的最小断裂强度,则在该处形成裂纹. 而 AgC 体系因 Ag 与 C 两组分之间的热膨胀系数相差 8.5 倍,所以其高温状态下的 AgC 相界面更容易形成裂纹并扩展. 影响裂纹形成与扩展的另一重要因素是表面的润湿性能. 表面良好的润湿性能将增大熔融 Ag 的铺展面,填补裂纹缝隙. 熔融 Ag 润湿性对裂纹扩展的影响是它能在裂缝上端形成一个熔融金属液桥,甚至能填满整个缝隙,阻碍裂纹的进一步扩展.

相比于粗石墨机械混粉工艺而言,10 h 球磨石墨液相喷雾化学包覆工艺从根本上改善了 Ag 与 C 间的相界面结合强度,同时提高了两相间的润湿性能,从而对阻碍材料表面在电弧冲击下裂纹的生成和扩展有着重要意义. 从对两种工艺 AgC 触头材料电弧作用后的表面组织分析来看,也印证了这一点,在粗石墨机械混粉工艺 Ag－5%C 触头电弧腐蚀表面上发现了明显的裂纹,如图 5.16 所示,但在 10 h 球磨石墨液相喷雾化学包覆工艺 Ag－5%C 触头表面上未能找到裂纹.

图 5.16　粗石墨机械混粉工艺制备的 Ag－5%C 材料的裂纹形貌

5.4 本章小结

本章系统阐述了 Ag 基触头材料电弧作用下的失效及其机理，并在此基础上将制备的球磨-喷雾-包覆工艺新型 AgC 触头与传统粗石墨机械混粉工艺触头安装在 ASTM（American Standard Test Method）机械式低频断开触头材料寿命试验机上进行了不间断电弧磨损对比分断试验，同时结合 4 组混合配粉触头进行了分阶段电弧磨损对比分断试验，测试并研究了该新型触头材料的耐电弧磨损性能和特性及其电弧腐蚀特征，并对其耐电弧磨损性能提高的机理进行了分析与探讨.

研究结果表明，不间断电弧磨损试验中球磨-包覆工艺制备的新型 AgC 触头平均分断电弧质量损失远低于粗石墨机械混粉触头，抗电弧腐蚀性能提高了 40%以上，纳米技术的应用同时改善了该材料的耐电弧腐蚀性能和抗熔焊性能.

研究结果表明，常规机械混粉工艺触头与球磨-包覆 Ag－5%C 触头及混合配粉 4 组触头（20%/Ag－5%C、40%/Ag－5%C、60%/Ag－5%C 和 80%/Ag－5%C），各组样品在分阶段电弧磨损试验中最初阶段损耗量相差不大，随着分断次数的增加，相较于常规机械混粉工艺触头，球磨-包覆 Ag－5%C 触头在每一阶段电弧损耗量均少得多，表现出了优异的耐电弧磨损性能.

研究结果表明，Ag－5%C 机械混粉触头随分断次数电弧磨损量呈指数大于 1 的指数函数规律上升，即到触头分断后期，由于工作面坑洼程度加剧导致电涡流磨损现象的存在，电弧对触头的腐蚀越严重，触头性能急剧劣化甚至失效. 混合配粉烧结的 4 组触头的电弧磨损特性与之相类似，但其相同分断次数下的损耗量均随混合的纳米晶包覆粉含量的增多而呈下降趋势. 其中 20%/Ag－5%C 触头呈现不一致规律，其电弧磨损特性好于 40%及 60%混粉触头，接近 80%混粉触头. 而制备出的球磨-包覆 Ag－5%C 触头随分断次数电弧磨损量呈近线性规律变化，在分断各阶段电弧腐蚀对材料的损耗程度比较稳定，不会出现分断后期触头损耗加重性能急剧劣化的情况。

研究结果表明，经高能球磨处理后的石墨具有极大的比表面能和表面活性，能够提高它对液态 Ag 的润湿，同时，新工艺所实现的 Ag 颗粒在 C 上的包覆使两相之间产生了物理结合界面，强化了它们的物理结合强度，也可以弥补润湿性的不足. 相对强化的结合强度以及改善的润湿性能有助于阻止熔融 Ag 喷溅脱离基体表面，从而可减少 Ag 液的喷溅侵蚀，使触头材料的电弧磨损量减少，有助于延长触头的使用寿命.

研究结果表明，尽管在工作面上形成了大颗粒 Ag 珠，球磨-喷雾包覆工艺新型 AgC 触头相比粗石墨机械混粉触头具有更好的抗熔焊性能. 一方面，对于球磨-喷雾-包覆工艺 AgC 触头，制备过程中经高能球磨后的石墨具有更大的体积分数和更小的尺寸，造成金属与触头本体粘接的面积较小；另一方面，球磨-喷雾-包覆工艺 AgC 触头材料在电弧作用以后倾向于有更多的石墨沉积在表面，形成一层肉眼可见但在扫描电镜下不可分辨的覆盖在表面的石墨膜层，形成的石墨膜层有助于减小金属之间的熔焊几率.

研究结果表明，AgC 系触头材料经电弧侵蚀后其工作表面上形成的形貌特征包括结构松散区、富银区、C 沉积区、电弧冲击坑、气孔和孔洞以及裂纹，在电弧冲击作用下新工艺触头表现出了比传统粗石墨机械混粉触头更好的阻止熔融 Ag 珠喷溅损失脱离基体和阻碍表面裂纹生成扩展的能力.

第六章　型式开关(断路器)试验及应用

新工艺 Ag－5%C 触头材料尽管具有良好的机械物理性能、两相分布均匀细腻的组织和优异的耐电弧腐蚀性能，但最终都需要安装到型式开关(低压断路器)上做运行短路能力测试，只有通过了型式开关运行短路能力测试，才可以真正进入小批量工业化生产并提供给用户的阶段.

6.1　低压断路器的原理与构造

6.1.1　断路器的结构

无论是万能式、塑料外壳式或是小型断路器，其断路器本体的结构基本相同，所不同的是尺寸大小和零部件的形状. 以塑料外壳式断路器为例，它的结构由 7 个部分组成[119]：

(1) 过载脱扣器

1) 热动式：由发热元件与双金属元件组成. 当有一定的过载电流流过发热元件，它发热，热量传递给双金属元件，使之受热膨胀、弯曲、推开锁扣，使四连杆的操动机构动作带动断路器跳闸.

2) 电磁式：由铁心、衔铁、线圈、磁轭等组成，当发生过载时，铁心受电磁螺管力的作用，缓慢上升，经一定的延时后，铁心升到一定位置，在克服了衔铁上的反力弹簧力后，衔铁被完全吸下，衔铁脚推动断路器的牵引杆，使断路器跳闸.

(2) 短路脱扣器

短路脱扣器是一个电磁铁机构，断路器的导电体直接通过电磁铁的铁心，当负载短路时，短路电流与线圈匝数的乘积足够大时，衔铁被铁心吸下,使断路器脱扣.

(3) 灭弧装置

灭弧装置的作用是吸引开断大电流(短路电流)时产生的电弧,使长弧被分割成短弧,通过灭弧栅片的冷却,使弧柱极大降温,去游离效果增大,电弧电压上升,最终熄灭电弧.

(4) 触头

用来分合电路,遇线路或设备发生过载或短路时,触头被自动打开,动、静触头间产生的电弧被拉长,然后进入灭弧室,因此触头的触点要求具有导电性、耐电弧性、耐熔焊性和耐磨性能良好的银合金材料制作.

(5) 带自由脱扣的操动机构

作用是:用手动来操作触头的合、分,在出现过载、短路时可自由脱扣.

(6) 外壳

使用聚酰胺(尼龙)玻璃丝增强压塑料(小型断路器)和聚酯玻璃丝增强压塑料压塑而成,用来装容其他零部件,有绝缘和机械强度要求.它应保证断路器操作时,不发生任何危险.

(7) 接线端子

大多数是用铜或黄铜材料制成,用来作进出线的连接.

6.1.2 断路器的工作原理(以热-磁型断路器为例)

断路器用作合、分电路时,依靠扳动其手柄或采用电动机操动机构使动、静触头闭合或断开.在正常情况下,触头能接通和分断额定电流;当出现过载时,双金属元件受热产生变形、弯曲,使锁扣脱钩,碰、顶断路器的牵引杆(脱扣杆),断路器跳闸;如线路短路,则一定值的短路电流会使过电流脱扣器(电磁铁)的动铁心(衔铁)被吸合,牵动牵引杆使断路器分断;在线路出现欠电压、欠电压脱扣器在电压低于70%额定电压时,其衔铁释放,触动牵引杆;要远距离控制断路器的跳闸,可采用分励脱扣器,分励脱扣器通电时,它的衔铁被吸合,使牵引杆逆时针运动,断路器断开. 它们的工作原理如图 6.1 所示.

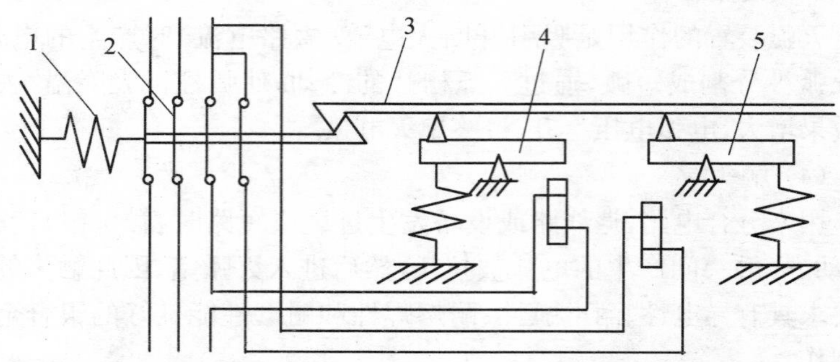

1. 操动机构中的弹簧;2. 动静触头;3. 操动机构中的锁扣;
4. 过载脱扣器(双金属元件或液压脱扣器)或短路电磁铁系统;
5. 欠电压脱扣器、分励脱扣器

图 6.1 热-磁型断路器工作原理

正常时,动、静触头闭合,当发生过载,双金属元件等使 3 顺时针转动,由牵引杆顶开锁扣,断路器在操动机构弹簧作用下,让动静触头断开. 当发生短路或要远距离控制断路器跳闸,4 中右侧的电磁系统的衔铁被铁心吸下使锁扣脱钩,在发生欠电压时,衔铁释放,也顶开锁扣,以上的故障情况下,断路器的分断都是自由脱扣的.

在出现各种故障时,动、静触头打开,触头之间产生强烈的电弧. 灭弧室内的铁质栅片被磁化,产生吸力,把电弧吸向灭弧室,将电弧分割成短电弧. 利用铁栅片对电弧的冷却,以提高电弧电阻和电弧电压,最终将电弧熄灭.

6.1.3 断路器的主要技术性能和参数

(1) 额定电压: 一般额定电压是指相间电压,即线电压. 我国绝大多数的负载电压为交流 50 Hz、380 V;矿用的负载电压为交流 50 Hz、660 V. 国外有 400 V、415 V、480 V 等.

(2) 额定频率: 380 V、400 V、415 V 的频率多数为 50 Hz,400 V

也有 60 Hz，440 V、480 V 多数为 60 Hz.

(3) 额定电流：1) 壳架等级额定电流，代表断路器的外形大小，以此断路器的最大额定电流表示；2) 额定电流，在规定的条件下，保证断路器正常工作的电流，又称脱扣器额定电流.

(4) 温升：断路器通以壳架等级电流中最大额定电流一定时间，它的各部件温升必须小于规定值.

(5) 工频耐压：根据绝缘电压等级，对断路器的进出线之间，断路器的相与相之间，断路器合上，各极并联后与金属外壳之间施以规定值工频电压不允许闪络或击穿.

(6) 过载、短路保护特性：1) 二段保护(过载长延时、短路瞬时)；2) 三段保护(过载长延时、短路短延时、短路瞬时)；3) 单相接地故障保护.

(7) 剩余动作电流：在规定条件下，使剩余电流保护器(断路器)动作的剩余电流，仅用于剩余电流动作断路器.

(8) 剩余不动作电流：在规定条件下，使剩余电流保护器(断路器)不动作的剩余电流，仅用于剩余电流动作断路器.

(9) 寿命：包括电寿命(又称有载寿命)和机械寿命(又称无载寿命).

(10) 短路分断能力：又分极限短路分断能力 I_{cu} 和运行短路分断能力 I_{cs}.

(11) 短时耐受电流 I_{cw}：在规定的试验条件下，断路器能承载而不损坏的短时耐受电流值.

(12) 断路器的本体功耗：指断路器在通以最大额定电流时，因其本身的电阻发热而产生的功率损耗，通常以三相总功耗瓦表示.

6.1.4 断路器的短路分断能力试验

断路器的额定短路分断能力，是断路器技术性能指标中最重要的一项. 它分为两个：极限短路分断能力 I_{cu} 和运行短路分断能力 I_{cs}.

(1) 极限短路分断能力 I_{cu}：是指规定的条件下(电压、电流、功率因数等)的分断能力，按规定程序动作之后，不考虑断路器继续承载它的额定电流. 试验程序为：O－t－CO.

O：表示分断(Open). 试验线路已调整好预期的短路电流，断路器接在试验线路中并合闸，试验的控制台按钮按下，短路电流通过断路器，断路器自动分断并熄灭电弧，就可认为分断顺利完成；

t：O与下面的CO操作的间隔时间，又称为休息时间. 一般不小于3 min，如果"O"操作后，脱扣器还未能再扣，则可延时至再扣为止；

CO：表示接通(Close)后立即分断试验线路如"O"程序，断路器处于分断状态. 试验时使断路器合闸，然后立即分断. 合闸是考核断路器在经受接通电流(峰值电流)时，会不会因峰值电流产生的电动斥力和热量而遭致破坏. 合闸后立即分断，并熄灭电弧，就可以认为CO试验成功.

经过O－t－CO试验，还应验证工频耐压(2倍绝缘电压)和验证过载脱扣器性能.

(2) 运行短路分断能力 I_{cs}：是指规定的条件下(电压、电流、功率因数等)的分断能力，按规定程序动作之后，须考虑断路器继续承载它的额定电流. 试验程序为：O－t－CO－t－CO(早期标准为O－t－O－t－CO).

O与CO和t的定义与极限分断能力相同.

这个试验程序增加了一个CO，即一个"O"，两个"CO"，试验顺利完成后还需要：1）验证工频耐压；2）验证温升；3）验证过载脱扣器性能.

试验合格的判定标准是：每个试验程序都合格，外壳不应破碎，但细裂缝是允许的.

6.2 施耐德(Schneider)小型断路器测试

将球磨-包覆工艺Ag－5%C触点应用在上海施耐德低压终端电器

有限公司生产的 AJM 小型断路器上(额定电压 230 V,额定电流 20 A,电源频率 50 Hz,导轨安装式,C 型,脱扣器额定电流 20 A),经国家低压电器质量监督检验中心(TILVA)做运行短路能力研究性试验测试.

6.2.1 测试参数

运行短路能力试验参数如下:

(1) 试验电压:$1.05\times230^{\pm5\%}$ V;

(2) 试验电流:$3^{+5\%}$ kA;

(3) 功率因数:$\cos\varphi=0.85\sim0.90$;

(4) 操作顺序:$\mathrm{O}-t-\mathrm{O}-t-\mathrm{CO}$.

验证工频耐压参数如下:

(5) 试验电压:1 500 V;

(6) 施压时间:1 min;

(7) 施压部位:断开位置,极的接线端子之间;闭合位置,极与框架之间.

脱扣特性验证参数如下:

(8) 0.85 × 1.13 In A 冷态+30℃不脱扣时间:≥1 h;

(9) 1.1 × 1.45 In A 热态+30℃脱扣时间:<1 h.

6.2.2 测试结果

1. 样品送检检验报告

产品名称	小型断路器		商标	/	
型号规格	AJM				
额定电压	230 V		额定电流	20 A	
电源频率	50 Hz	极数	1	安装方式	导轨安装式
技术参数	C 型,脱扣器额定电流 20 A				

续　表

检验类别	试验性研究	产品等级	/
受检单位	施奈德电气(中国)投资有限公司研发中心		
生产单位	上海施奈德低压终端电器有限公司		
送样数量	18台		
样品编号	$E_1-1 \sim E_1-18$		
检验依据	GB10963－1999及IEC60898(1995)家用及类似场所用过流保护断路器		
检验结论	研究性试验，提供试验数据		
检验项目	运行短路能力试验 C20		
依据标准条款	9.12.11.4.2		
检验结果	提供数据		

2. 检验结果汇总表

项目	检验项目及检验要求	测量或观察结果					
		E_1-1	E_1-2	E_1-3	E_1-4	E_1-5	E_1-6
运行短路能力试验	试验电压：$1.05\times230^{\pm5\%}$ V	240			240		
	试验电流：$3^{+5\%}$ kA	3.13			3.13		
	功率因数：$\cos\varphi=0.85\sim0.90$	0.90			0.90		
	操作顺序	$O-t-O-t-CO$			$O-t-O-t-CO$		
	$I_t^2\max(kA^2s)$	14.8	19.2	13.7	14.9	13.7	13.6

续 表

<table>
<tr><td rowspan="2">项目</td><td rowspan="2">检验项目及检验要求</td><td colspan="6">测量或观察结果</td></tr>
<tr><td>E_1-1</td><td>E_1-2</td><td>E_1-3</td><td>E_1-4</td><td>E_1-5</td><td>E_1-6</td></tr>
<tr><td rowspan="3">运行短路能力试验</td><td>I_p max(kA)</td><td>2.30</td><td>2.47</td><td>2.60</td><td>2.55</td><td>2.50</td><td>2.57</td></tr>
<tr><td>栅格距离</td><td colspan="3">$a=35$ mm</td><td colspan="3">$a=35$ mm</td></tr>
<tr><td>是否符合要求</td><td colspan="3">E_1-2 不符合</td><td colspan="3">符合要求</td></tr>
<tr><td rowspan="3">验证工频耐压</td><td>试验电压：1 500 V</td><td colspan="3" rowspan="3">/</td><td colspan="3" rowspan="3">无击穿或闪络现象</td></tr>
<tr><td>施压时间：1 min</td></tr>
<tr><td>断开位置：极的接线端子之间
闭合位置：极与框架之间</td></tr>
<tr><td rowspan="5">脱扣特性验证</td><td rowspan="2">0.85×1.13 In A 冷态
+30℃不脱扣时间：≥1 h</td><td colspan="3">/</td><td colspan="3">19.3</td></tr>
<tr><td>/</td><td>/</td><td>/</td><td>>1</td><td>>1</td><td>>1</td></tr>
<tr><td rowspan="2">1.1×1.45 In A 热态
+30℃脱扣时间：<1 h(min)</td><td colspan="3">/</td><td colspan="3">31.9</td></tr>
<tr><td>/</td><td>/</td><td>/</td><td>4.1</td><td>4.8</td><td>6.8</td></tr>
<tr><td>是否符合要求</td><td colspan="3">/</td><td colspan="3">符合要求</td></tr>
</table>

<table>
<tr><td rowspan="2">项目</td><td rowspan="2">检验项目及检验要求</td><td colspan="6">测量或观察结果</td></tr>
<tr><td>E_1-7</td><td>E_1-8</td><td>E_1-9</td><td>E_1-10</td><td>E_1-11</td><td>E_1-12</td></tr>
<tr><td rowspan="4">运行短路能力试验</td><td>试验电压：$1.05\times230^{\pm5\%}$ V</td><td colspan="3">240</td><td colspan="3">240</td></tr>
<tr><td>试验电流：$3^{+5\%}$ kA</td><td colspan="3">3.13</td><td colspan="3">3.13</td></tr>
<tr><td>功率因数：$\cos\varphi=0.85\sim0.90$</td><td colspan="3">0.90</td><td colspan="3">0.90</td></tr>
<tr><td>操作顺序</td><td colspan="3">O－t－O－t－CO</td><td colspan="3">O－t－O－t－CO</td></tr>
</table>

续 表

项目	检验项目及检验要求	测量或观察结果					
		E$_1$－7	E$_1$－8	E$_1$－9	E$_1$－10	E$_1$－11	E$_1$－12
运行短路能力试验	I_t^2 max(kA^{2}s)	15.7	15.4	13.1	16.1	16.0	13.1
	I_p max(kA)	2.55	2.58	2.60	2.43	2.61	2.54
	栅格距离	a＝35 mm			a＝35 mm		
	是否符合要求	符合要求			符合要求		
验证工频耐压	试验电压：1 500 V	无击穿或闪络现象			无击穿或闪络现象		
	施压时间：1 min						
	断开位置：极的接线端子之间 闭合位置：极与框架之间						
脱扣特性验证	0.85×1.13 In A 冷态 ＋30℃不脱扣时间：≥1 h	19.3			19.3		
		＞1	＞1	＞1	＞1	＞1	＞1
	1.1×1.45 In A 热态 ＋30℃脱扣时间：＜1 h(min)	31.9			31.9		
		6.0	9.6	5.4	0.4	8.6	1.1
	是否符合要求	符合要求			符合要求		

项目	检验项目及检验要求	测量或观察结果					
		E$_1$－13	E$_1$－14	E$_1$－15	E$_1$－16	E$_1$－17	E$_1$－18
运行短路能力试验	试验电压：1.05×230$^{\pm 5\%}$ V	240			240		
	试验电流：3$^{+5\%}$ kA	3.13			3.13		
	功率因数：cos φ＝0.85～0.90	0.90			0.90		

续 表

<table>
<tr><td rowspan="2">项目</td><td rowspan="2">检验项目及检验要求</td><td colspan="6">测量或观察结果</td></tr>
<tr><td>E_1-13</td><td>E_1-14</td><td>E_1-15</td><td>E_1-16</td><td>E_1-17</td><td>E_1-18</td></tr>
<tr><td rowspan="5">运行短路能力试验</td><td>操作顺序</td><td colspan="3">O－t－O－t－CO</td><td colspan="3">O－t－O－t－CO</td></tr>
<tr><td>I_t^2 max(kA²s)</td><td>16.2</td><td>15.8</td><td>16.4</td><td>15.8</td><td>16.4</td><td>13.7</td></tr>
<tr><td>I_p max(kA)</td><td>2.50</td><td>2.45</td><td>2.72</td><td>2.46</td><td>2.66</td><td>2.60</td></tr>
<tr><td>栅格距离</td><td colspan="3">a＝35 mm</td><td colspan="3">a＝35 mm</td></tr>
<tr><td>是否符合要求</td><td colspan="3">符合要求</td><td colspan="3">符合要求</td></tr>
<tr><td rowspan="3">验证工频耐压</td><td>试验电压：1 500 V</td><td colspan="3" rowspan="3">无击穿或闪络现象</td><td colspan="3" rowspan="3">无击穿或闪络现象</td></tr>
<tr><td>施压时间：1 min</td></tr>
<tr><td>断开位置：极的接线端子之间
闭合位置：极与框架之间</td></tr>
<tr><td rowspan="5">脱扣特性验证</td><td rowspan="2">0.85×1.13 In A 冷态
＋30℃不脱扣时间：≥1 h</td><td colspan="3">19.3</td><td colspan="3">19.3</td></tr>
<tr><td>>1</td><td>>1</td><td>>1</td><td>>1</td><td>>1</td><td>>1</td></tr>
<tr><td rowspan="2">1.1×1.45 In A 热态
＋30℃脱扣时间：<1 h(min)</td><td colspan="3">31.9</td><td colspan="3">31.9</td></tr>
<tr><td>1.6</td><td>2.2</td><td>7.5</td><td>3.5</td><td>2.8</td><td>10.7</td></tr>
<tr><td>是否符合要求</td><td colspan="3">符合要求</td><td colspan="3">符合要求</td></tr>
</table>

6.2.3 测试结果分析

本章的试验是将研究制备出的新型 AgC 块体触头应用在小型断路器上进行断路器短路分断能力试验，严格的说是短路电流的接通与分断能力的试验. 断路器的额定短路分断能力，是断路器技术性能指标中最重要的一项,用户对它关心,生产企业也视为产品成功与否的关键.

从检测结果中可以看到,施奈德送检的 18 个样品 $E_1-1\sim E_1-18$ 中除了 E_1-2 在试验中试后不通不符合要求外,其余样品均顺利通过了运行短路能力试验,在验证工频耐压中无击穿或闪络现象,脱扣特性验证也均符合要求.国家低压电器质量监督检验中心出具的检验报告显示该新型材料应用在上海施耐德低压终端电器有限公司生产的 AJM 小型断路器上通过了研究性试验(TILVA 报告编号: AT 02040).

6.3 ABB 小型断路器测试

与施奈德小型断路器测试相类似,将球磨-包覆工艺 Ag-5%C 触点应用在北京 ABB 低压电器有限公司生产的 S261 和 S263 小型断路器上,经国家低压电器质量监督检验中心(TILVA)做运行短路能力研究性试验测试.

6.3.1 测试参数

运行短路能力试验参数如下:

(1) 试验电压: $1.05\times230^{\pm5\%}$ V;

(2) 试验电流: $6^{+5\%}$ kA;

(3) 功率因数: $\cos\varphi=0.65\sim0.70$;

(4) 操作顺序: O-t-O-t-CO.

验证工频耐压参数如下:

(5) 试验电压: 1 500 V;

(6) 施压时间: 1 min;

(7) 施压部位: 断开位置,极的接线端子之间;闭合位置,极与框架之间、极与极之间.

脱扣特性验证参数如下:

(8) 周围空气温度: $+30^{\pm5}$ ℃;

(9) 试验电流：0.85×1.13×40 A　不脱扣时间：≥1 h；

(10)试验电流：1.1×1.45×40 A　脱扣时间：<1 h.

6.3.2　测试结果

1. 样品送检检验报告

<table>
<tr><td>产品名称</td><td colspan="2">小型断路器</td><td colspan="2">商　标</td><td colspan="3">ABB</td></tr>
<tr><td>型号规格</td><td colspan="7">S261、S263</td></tr>
<tr><td>额定电压</td><td colspan="3">230/400 V(1P)、
400 V(3P、4P)</td><td colspan="2">额定电流</td><td colspan="2">20 A</td></tr>
<tr><td>电源频率</td><td>交流</td><td>极数</td><td colspan="2">1P、3P、4P</td><td colspan="2">安装方式</td><td>导轨安装式</td></tr>
<tr><td>技术参数</td><td colspan="7">脱扣器额定电流：C40</td></tr>
<tr><td>检验类别</td><td colspan="2">单项委托试验</td><td colspan="2">产品等级</td><td colspan="3">/</td></tr>
<tr><td>受检单位</td><td colspan="7">北京 ABB 低压电器有限公司</td></tr>
<tr><td>生产单位</td><td colspan="7">同上</td></tr>
<tr><td>送样数量</td><td colspan="7">9 台</td></tr>
<tr><td>样品编号</td><td colspan="7">$E_1-1 \sim E_1-9$</td></tr>
<tr><td>检验依据</td><td colspan="7">GB10963－1999
《家用及类似场所用过流保护断路器》</td></tr>
<tr><td>检验结论</td><td colspan="7">研究性试验，提供试验数据</td></tr>
<tr><td>检验项目</td><td colspan="7">运行短路能力试验(S261 C40)(在单相电路里的试验)
运行短路能力试验(S261 C40)(在三相电路里的试验)
运行短路能力试验(S263 C40)</td></tr>
<tr><td>依据标准条款</td><td colspan="7">9.12.11.4.2</td></tr>
<tr><td>检验结果</td><td colspan="7">提供数据</td></tr>
</table>

2. 检验结果汇总表

项　　目	检验项目及检验要求	测量或观察结果		
		E_1-1	E_1-2	E_1-3
运行短路能力试验（S261 C40）（单相电路）	试验电压：$1.05\times230^{\pm5\%}$ V	240		
	试验电流：$6^{+5\%}$ kA	6.02		
	功率因数：$\cos\varphi=0.65\sim0.70$	0.70		
	操作顺序	O-t-O-t-CO		
	I_t^2 max（kA^2s）	40.5	36.0	40.1
	I_p max（kA）	3.73	4.11	4.24
	栅格距离	$a=35$ mm		
	是否符合要求	符合要求		
验证工频耐压	试验电压：1 500 V	无击穿或闪络现象		
	施压时间：1 min			
	断开位置：极的接线端子之间 闭合位置：极与框架之间			
脱扣特性验证	试验电流：0.85×1.13×40 A $+30^{\pm5}$℃不脱扣时间：≥1 h	38.4		
		>1	>1	>1
	试验电流：1.1×1.45×40 A $+30^{\pm5}$℃脱扣时间：<1 h	63.8		
		1 min 30 s	2 min 38 s	30 s
	是否符合要求	符合要求		

续 表

<table>
<tr><th rowspan="2">项　　目</th><th rowspan="2">检验项目及检验要求</th><th colspan="3">测量或观察结果</th></tr>
<tr><th>E_1-4</th><th>E_1-5</th><th>E_1-6</th></tr>
<tr><td rowspan="9">运行短路能力试验（S261 C40）（三相电路）</td><td>试验电压：$1.05\times400^{\pm5\%}$ V</td><td colspan="3">418</td></tr>
<tr><td>试验电流：$6^{+5\%}$ kA</td><td colspan="3">6.04</td></tr>
<tr><td>功率因数：$\cos\varphi=0.65\sim0.70$</td><td colspan="3">0.70</td></tr>
<tr><td>操作顺序</td><td colspan="3"><table>
<tr><th rowspan="2">操作</th><th colspan="3">试　品　编　号</th></tr>
<tr><th>E_1-4</th><th>E_1-5</th><th>E_1-6</th></tr>
<tr><td>1</td><td>O</td><td>O</td><td>O</td></tr>
<tr><td>2</td><td>—</td><td>CO</td><td>O</td></tr>
<tr><td>3</td><td>O</td><td>—</td><td>CO</td></tr>
<tr><td>4</td><td>CO</td><td>O</td><td>—</td></tr>
</table></td></tr>
<tr><td>I_t^2 max（kA^2 s）</td><td colspan="3">32.8</td></tr>
<tr><td>I_p max（kA）</td><td colspan="3">3.89</td></tr>
<tr><td>栅格距离</td><td colspan="3">$a=35$ mm</td></tr>
<tr><td>是否符合要求</td><td colspan="3">符合要求</td></tr>
<tr><td rowspan="3">验证工频耐压</td><td>试验电压：1 500 V</td><td colspan="3" rowspan="3">无击穿或闪络现象</td></tr>
<tr><td>施压时间：1 min</td></tr>
<tr><td>断开位置：极的接线端子之间
闭合位置：极与框架之间</td></tr>
</table>

续 表

<table>
<tr><td rowspan="2">项　　目</td><td rowspan="2">检验项目及检验要求</td><td colspan="3">测量或观察结果</td></tr>
<tr><td>E_1-4</td><td>E_1-5</td><td>E_1-6</td></tr>
<tr><td rowspan="5">脱扣特性验证</td><td rowspan="2">试验电流：0.85×1.13×40 A
$+30^{\pm5}$℃不脱扣时间：≥1 h</td><td colspan="3">38.4</td></tr>
<tr><td>>1</td><td>>1</td><td>>1</td></tr>
<tr><td rowspan="2">试验电流：1.1×1.45×40 A
$+30^{\pm5}$℃脱扣时间：<1 h</td><td colspan="3">63.8</td></tr>
<tr><td>11 min 40 s</td><td>7 min 53 s</td><td>6 min 25 s</td></tr>
<tr><td>是否符合要求</td><td colspan="3">符合要求</td></tr>
</table>

<table>
<tr><td rowspan="2">项　　目</td><td rowspan="2">检验项目及检验要求</td><td colspan="3">测量或观察结果</td></tr>
<tr><td>E_1-7</td><td>E_1-8</td><td>E_1-9</td></tr>
<tr><td rowspan="8">运行短路能力试验
(S261 C40)
(单相电路)</td><td>试验电压：1.05×$230^{\pm5\%}$ V</td><td colspan="3">418</td></tr>
<tr><td>试验电流：$6^{+5\%}$ kA</td><td colspan="3">6.04</td></tr>
<tr><td>功率因数：$\cos\varphi=0.65\sim0.70$</td><td colspan="3">0.70</td></tr>
<tr><td>操作顺序</td><td colspan="3">O-t-O-t-CO</td></tr>
<tr><td>I_t^2 max (kA^2 s)</td><td>69.3</td><td>36.3</td><td>57.7</td></tr>
<tr><td>I_p max (kA)</td><td>4.78</td><td>4.30</td><td>4.62</td></tr>
<tr><td>栅格距离</td><td colspan="3">$a=35$ mm</td></tr>
<tr><td>是否符合要求</td><td colspan="3">符合要求</td></tr>
<tr><td rowspan="3">验证工频耐压</td><td>试验电压：1 500 V</td><td colspan="3" rowspan="3">无击穿或
闪络现象</td></tr>
<tr><td>施压时间：1 min</td></tr>
<tr><td>断开位置：极的接线端子之间
闭合位置：极与框架之间</td></tr>
</table>

续 表

项　　目	检验项目及检验要求	测量或观察结果		
		E_1-7	E_1-8	E_1-9
脱扣特性验证	试验电流：0.85×1.13×40 A	38.4		
	+30$^{\pm5}$℃不脱扣时间：≥1 h	>1	>1	>1
	试验电流：1.1×1.45×40 A	63.8		
	+30$^{\pm5}$℃脱扣时间：<1 h	4 min 28 s	12 min 52 s	5 min 39 s
	是否符合要求	符合要求		

6.3.3　测试结果分析

1. 测试结果小结

从检测结果中可以看到，送检的9个样品E_1-1～E_1-9全部顺利通过了运行短路能力试验，在验证工频耐压中无击穿或闪络现象，脱扣特性验证也均符合要求. 国家低压电器质量监督检验中心出具的检验报告显示该新型材料应用在北京ABB低压电器有限公司生产的S261和S263小型断路器上通过了研究性试验（TILVA报告编号：AT03306）.

2. 测试后样品组织分析

在运行短路能力试验后，送检样品经高电压大电流侵蚀（S261 C40单相电路中为240 V、6.02 kA，S261 C40三相电路和S263 C40中为418 V、6.04 kA），其工作面磨损较为严重，形成了在表面上铺展的大块熔融沉积Ag和大量局部富集的小Ag珠，SEM形貌分别示于图6.2、图6.3和图6.4.

从图中可以看出，送检样品经高电压大电流侵蚀以后，在电弧作用下，触头表面大量的银变成熔融的银，形成银的熔池，在温度降下

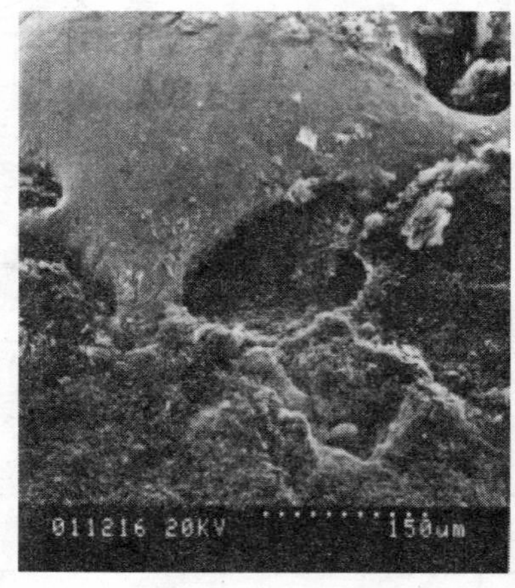

(a) 表面上铺展的大块熔融沉积 Ag

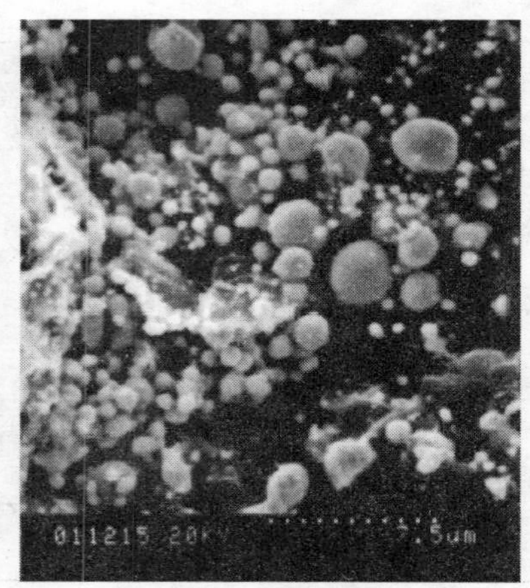

(b) 局部富集的小 Ag 珠覆

图 6.2　S261 C40 单相电路运行短路能力试验后触头工作面形貌

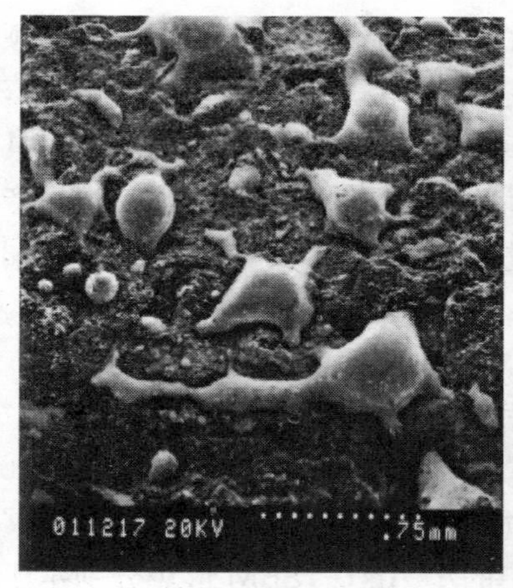

(a) 表面上铺展的大块熔融沉积 Ag

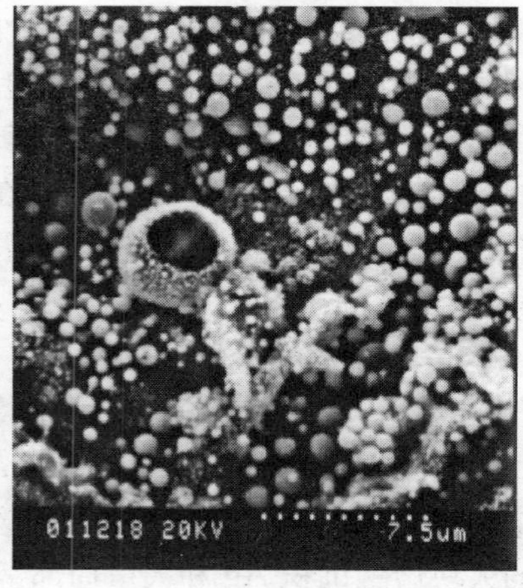

(b) 局部富集的小 Ag 珠覆

图 6.3　S261 C40 三相电路运行短路能力试验后触头工作面形貌

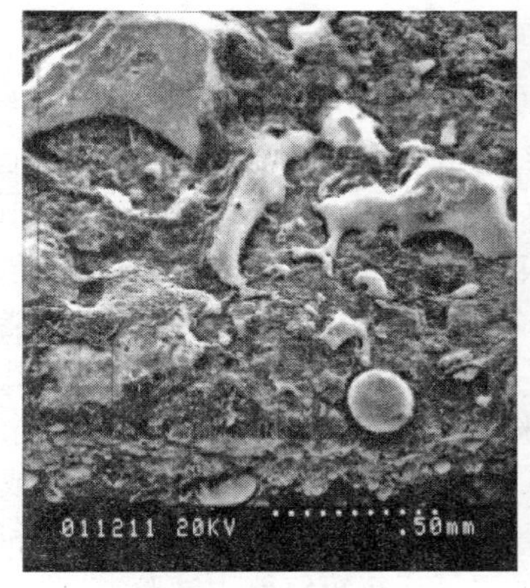

(a) 表面上铺展的大块熔融沉积 Ag

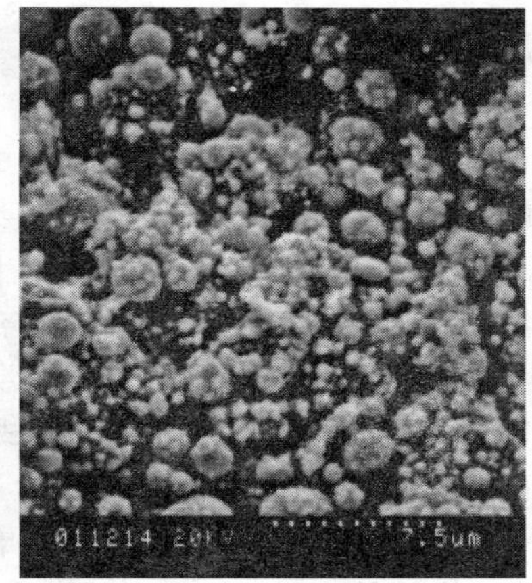

(b) 局部富集的小 Ag 珠覆

图 6.4　S263 C40 运行短路能力试验后触头工作面形貌

来之后,这些熔融的银充分铺展在触点材料的表面形成沉积,减少了基体 Ag 的喷溅损失. 对于 AgC 触头而言,熔融 Ag 小液滴的喷溅脱离工作面是材料损失的主要形式,样品中经高能球磨处理后的石墨具有极大的比表面能和表面活性,化学包覆银后,在银和石墨两相之间产生了物理结合界面,强化了它们的物理结合强度,一定程度上弥补了该材料中银与石墨润湿性不足问题,因此,在电弧高温瞬时冲击下,熔融的小 Ag 珠能够在运行短路能力试验后的组织中存在,进一步减少了材料磨损,从而保障了顺利通过运行短路能力测试.

6.4　应用情况

目前,该新型 AgC 块体触头材料已经小批量供应上海施奈德低压终端电器有限公司、ABB 北京低压电器有限公司、TCL 国际电工(无锡)有限公司、浙江正泰电器股份有限公司以及上海良信电器有限公司等生产企业,并取得了良好的经济收益.

6.5 本章小结

本章简要介绍了低压断路器的原理与构造，将研制的新型 AgC 块体触点应用在上海施耐德低压终端电器有限公司生产的 AJM 小型断路器及北京 ABB 低压电器有限公司生产的 S261 和 S263 小型断路器上，经国家低压电器质量监督检验中心（TILVA）做运行短路能力研究性试验测试. 测试结果表明，施奈德送检的 18 个 AJM 样品 $E_1-1\sim E_1-18$ 中除了 E_1-2 在试验中试后不通不符合要求外，其余样品均顺利通过了运行短路能力试验，在验证工频耐压中无击穿或闪络现象，脱扣特性验证也均符合要求；ABB 送检的 9 个 S261 和 S263 样品 $E_1-1\sim E_1-9$ 全部顺利通过了运行短路能力试验，在验证工频耐压中无击穿或闪络现象，脱扣特性验证也均符合要求. 国家低压电器质量监督检验中心出具的检验报告显示该新型材料分别通过了施奈德送检的研究性试验（TILVA 报告编号：AT02040）和 ABB 送检的研究性试验（TILVA 报告编号：AT03306）. 目前，该新型 AgC 块体触头材料已经小批量供应上海施奈德低压终端电器有限公司、ABB 北京低压电器有限公司、TCL 国际电工（无锡）有限公司、浙江正泰电器股份有限公司以及上海良信电器有限公司等生产企业，并取得了良好的经济收益.

第七章　碳纳米管增强新型 AgC 触头材料的试验研究

碳纳米管与碳纤维相比，具有强度高、弹性模量大、长径比达100～1 000、比表面积大、高温稳定而不易与金属反应、减摩耐磨性优良等特性，是一种很有潜在应用价值的纤维材料[61～65]. 清华大学将碳纳米管用于球墨铸铁表面激光熔覆处理取得了一定的表面强化效果[64,65]，但碳纳米管作为纤维增强体以发挥其特性的研究还鲜有报导. 鉴于碳纤维增强复合材料广泛应用于半导体支撑电极、导电轨、电刷、电触头、自润滑轴承等[66～69]，预计用碳纳米管替代碳纤维，更能体现其高强高韧、低膨胀、导电导热性好、耐磨等特性. 为此，我们采用将高能球磨、化学包覆和粉末冶金工艺相结合配以适量碳纳米管作为纤维增强体的思路制备出一种新型的碳纳米管增强 AgC 电接触材料，并已就此材料及其制备方法申请了国家发明专利(碳纳米管银石墨电触头材料及其制备方法，申请号 200310109007. 9).

7.1　试验

将纯度为 C%＞99. 5%、粒度为 200 目的市购粗石墨粉采用 QM－1SP 型行星式球磨机进行高能球磨，球磨工艺参数为：转速 250 r/min，球磨时间 10 h，球粉比 30∶1，采用 WC 球加入酒精湿磨. 选取直径 30～60 nm、纯度＞80%、直观聚团尺寸为数十微米的碳纳米管，按照 1∶4～2∶3 的比例与所得球磨纳米石墨粉均匀混合，用工业纯浓硝酸在 200～300℃下酸煮 4～8 h. 化学包覆法制粉流程为：按 Ag－5%C 触头中石墨的质量百分含量为 5%之配比将酸煮好的球磨石墨及碳纳米管的混合液加入适量摩尔浓度的

$AgNO_3$ 溶液中，用 $NH_3 \cdot H_2O$ 络合至 pH≥10，伴以电磁搅拌，用 $H_2N-NH_2 \cdot H_2O$ 作还原剂，通过雾化装置喷雾加入络合液，得到均匀分散的碳纳米管增强 Ag－5%C 包覆粉，然后抽滤、洗涤至近中性，在 160℃下烘干. 利用普通模压法成形，试样尺寸为 10 mm×50 mm×2 mm；在 H_2 保护气氛电阻烧结炉中 840℃烧结 4 h，再经 12 t/cm^2 的压力复压成型.

委托上海科汇高新技术创业服务中心（上海纳米材料检测中心）经华东理工大学分析测试中心利用 X 射线衍射仪（日本 RIGAKU D/MAX2550 VB/PC）对制备的碳纳米管增强 Ag－5%C 包覆粉进行了晶粒度测试，并采用扫描电镜（SEM，S－570）观察该包覆粉形貌. 共 3 组样品 Ag－5%C 机械混粉、Ag－5%C 球磨-喷雾-包覆粉和 Ag－5%C 碳纳米管增强球磨-喷雾-包覆粉，分别制成标准样条 10 mm×50 mm×2 mm，对其密度、电导率和硬度等主要机械物理性能进行了测定. 对这 3 组试样（均为圆片状，尺寸为 Φ6 mm×2 mm，试样焊接在 Cu 基座上，静触点与动触点采用相同材料配对）的分阶段分断耐电弧磨损性能及其电弧磨损特性的研究在 ASTM 触头材料试验机上进行. 试验机参数采用：分断电流：17 A(rms.)，50 Hz 交流；电压：220 V；功率因数：$\cos\varphi=0.40$；操作频率：60 次/min；接触力：75 g；断开力：100 g.

7.2 试验结果讨论和分析

7.2.1 碳纳米管形貌观察

碳纳米管的形貌观察在透射电镜（TEM，H－800）上进行，其直观团聚体形貌图 7.1(a)、(b)所示. 图 7.2 给出试验中采用的碳纳米管局部细节放大形貌.

从图 7.1 中可以发现，试验采用的碳纳米管直观团聚体尺寸数十微米，由网状碳纳米管纠结构成，构成的碳纳米管丝平均尺寸 30～60 nm，这一点从图 7.2 的局部细节放大中看得更加明显.

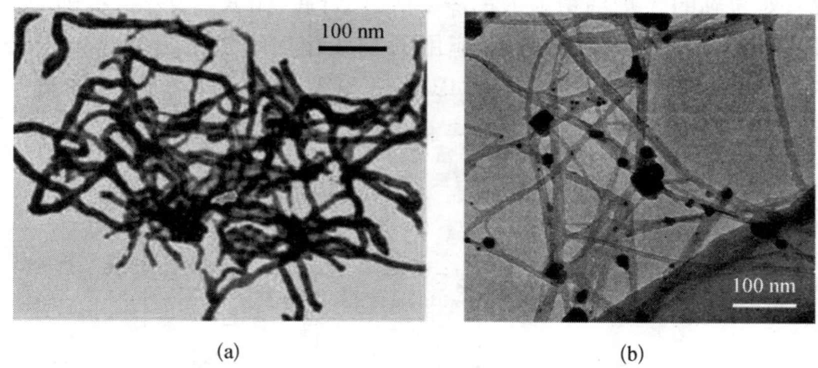

(a) (b)

图 7.1　试验采用的碳纳米管直观团聚体 TEM 形貌

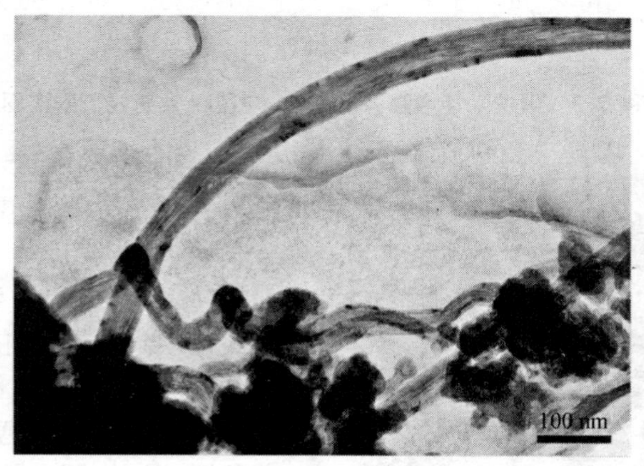

图 7.2　试验采用的碳纳米管局部细节 TEM 形貌

7.2.2　碳纳米管增强 Ag－5%C 包覆粉 X 衍射测试及 SEM 形貌观察

碳纳米管增强 Ag－5%C 包覆粉的 X 衍射测试在日本 RIGAKU D/MAX2550 VB/PC 衍射仪上进行，采用 X 射线粉末多晶衍射分析法，对得到的X射线衍射数据经平滑、扣背底、扣$K_{\alpha 2}$、找峰，得到的X射线衍射谱图如图7.3所示. 应用X射线衍射线宽化法（Scherrer公式：$D_{hkl} = k\lambda/\beta\cos\theta$），不考虑晶格畸变因素，计算得到垂直于

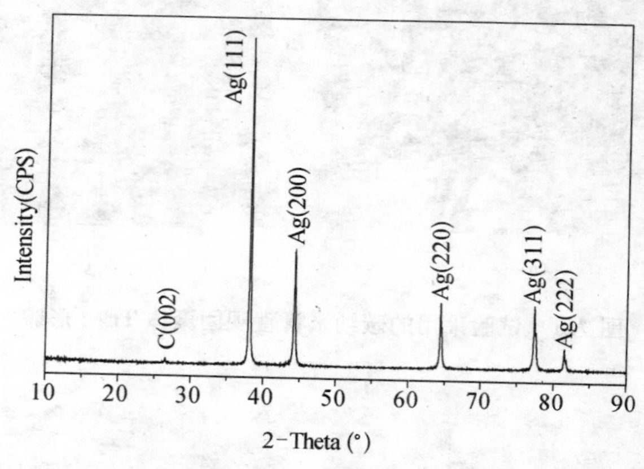

图7.3　碳纳米管增强Ag-5%C包覆粉X射线衍射谱图

图7.4　Ag-5%C包覆粉SEM显微形貌结构

Ag_{hkl} 111，200，220，311，222面的晶粒尺寸，最后计算得出制备的碳纳米管增强Ag-5%C包覆粉中银的平均晶粒尺寸约为50 nm.

图7.4给出了该纳米晶碳纳米管增强Ag-5%C包覆粉SEM形貌观察照片. 图中白色小颗粒为包覆相Ag，层片状为球磨石墨，添加的少量碳纳米管被基体银包覆其中不可见. 从图中发现微米尺寸的Ag颗粒呈絮凝状结构包覆在石墨片及碳纳米管的外面，这种絮凝体内部孔洞尺寸细小且分布均匀. 就多元系固相烧结而言[86]，粉

末体内部的孔洞尺寸及分布状态对于粉末材料的烧结致密性能的影响要比粉末体之间的孔洞尺寸和分布状态的影响大得多，因此这种絮凝状结构将有助于后续烧结过程的进一步致密化. 同时，鉴于 Ag 与 C 之间差的润湿性，这种 Ag 颗粒在 C 上的包覆产生了物理结合界面，强化了两相间的物理结合强度.

7.2.3 碳纳米管增强 Ag－5%C 触头机械物理性能测试及金相组织观察

共 3 组样品 Ag－5%C 机械混粉、Ag－5%C 球磨-喷雾-包覆粉和 Ag－5%C 碳纳米管增强球磨-喷雾-包覆粉，分别制成标准样条 10 mm×50 mm×2 mm，测试其机械物理性能如表 7.1 所示.

表 7.1 粗石墨粉机械混粉工艺与常规化学包覆工艺(还原剂滴加法加入简称滴加-包覆) Ag－5%C 触头机械物理性能

试样	石墨状态	制备方法	密度 (g/cm³)	致密性 (%)	电导率 (m/Ωmm²)	硬度 (MPa)
Ag－5%C	原始粗石墨	机械混粉	8.72	98.4	30.6	459
Ag－5%C	球磨石墨	喷雾-包覆	8.85	99.9	39.0	636
Ag－5%C	碳纳米管＋球磨石墨	喷雾-包覆	8.85	99.9	39.0	654

从表中可见，相较于传统机械混粉 Ag－5%C 触头，球磨-包覆工艺和碳纳米管增强球磨-包覆工艺 Ag－5%C 触头均表现出了极佳的机械物理性能，主要性能指标大幅提高；同为球磨-包覆工艺，碳纳米管增强 Ag－5%C 触头与未添加碳纳米管的球磨-包覆工艺触头相比，其烧结复压致密性与电导率均无甚变化，主要是硬度进一步提升到 654 MPa. 这一点应该是碳纳米管高强度特性的体现.

图 7.5(a)、(b)分别为粗石墨粉机械混粉工艺 Ag－5%C 触头和

碳纳米管增强 Ag－5%C 触头的金相照片，其中白亮色为银，深黑色为石墨或孔洞(这些孔洞是制作金相试样时，石墨脱落后造成的). 可以看出：所制备的碳纳米管增强 AgC 新型材料组织均匀、细小，球磨石墨呈薄片状及部分不规则形态均匀分布在 Ag 基体中，弥散度较高，碳纳米管湮没其中不可见. 这种第二相均匀弥散分布在基体中的组织，不仅可以起到一定的弥散强化作用，而且有助于提高材料的导电性和抗电弧腐蚀能力. 而 C 在常规机械混粉工艺材料基体中的分布则要粗大得多，且组织不均匀、有偏聚，严重影响材料的机械物理性能，恶化其抗电弧腐蚀能力.

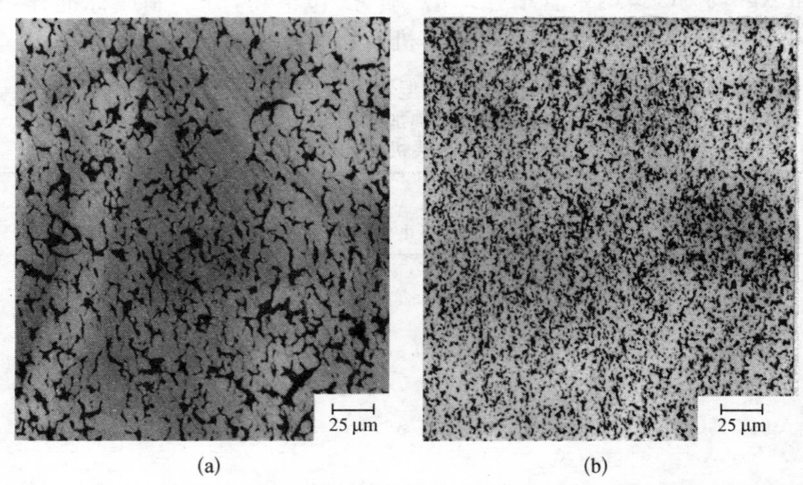

图 7.5　机械混粉工艺 Ag－5%C 触头金相组织(a)及 1%碳纳米管增强 Ag－5%C 新型触头金相组织(b)

7.2.4　碳纳米管增强 Ag－5%C 触头电弧磨损性能测试

将上述 3 组触头在 ASTM 触头材料试验机上同等条件下作分阶段分断电弧磨损试验，所有测试试样均为圆片状，尺寸为 Φ6 mm×

2 mm. 试样焊接在 Cu 基座上，静触点与动触点采用相同材料配对. 试验机参数如下：分断电流 17 A(rms.)，50 Hz 交流；电压 220 V；功率因数 $\cos\varphi=0.40$；操作频率 60 次/min；接触力 75 g；断开力 100 g.

在 ASTM 触头材料试验机上得到的上述 3 组触头抗电弧腐蚀性能测试结果如表 7.2 所示. 从表 7.2 中明显可以看到，各组样品在电弧磨损最初阶段材料损耗量相差不大，相较于传统机械混粉 Ag－5%C触头，球磨-包覆工艺和碳纳米管增强球磨-包覆工艺 Ag－5%C 触头的材料损耗量在每一阶段均少得多，即表现出了优异的耐电弧磨损性能. 同为球磨-包覆工艺，碳纳米管增强 Ag－5%C 触头与未添加碳纳米管的球磨-包覆工艺触头相比，尽管由于高强度碳纳米管的存在，其机械物理性能中硬度得以进一步提升，但在此处，其耐电弧磨损性能在同等电弧磨损条件下各分断次数阶段均显示了轻微程度的劣化. 可能是由于在试验中采用的是商购聚团碳纳米管，分散性不是很好，导致制成的触头存在少量局部微观成分偏聚，从而轻微劣化了其耐电弧磨损性能.

表 7.2　三组样品 ASTM 触头材料试验机分阶段分断 AC17A 电弧磨损性能

损重(mg) / 样品 / 分断次数	机械混粉工艺 Ag－5%触头	球磨-包覆工艺 Ag－5%触头	碳纳米管增强球磨-包覆 Ag－5%触头
100	0.73	0.30	0.40
500	2.50	0.93	1.55
1 000	5.77	1.80	3.93
2 000	14.13	3.70	9.40
4 000	33.12	9.28	13.65
6 000	53.90	12.60	18.55

尽管如此，从图 7.6 可以看到，Ag－5%C 机械混粉触头随分断次数电弧磨损量呈指数大于 1 的指数函数规律上升，也就是说越到触

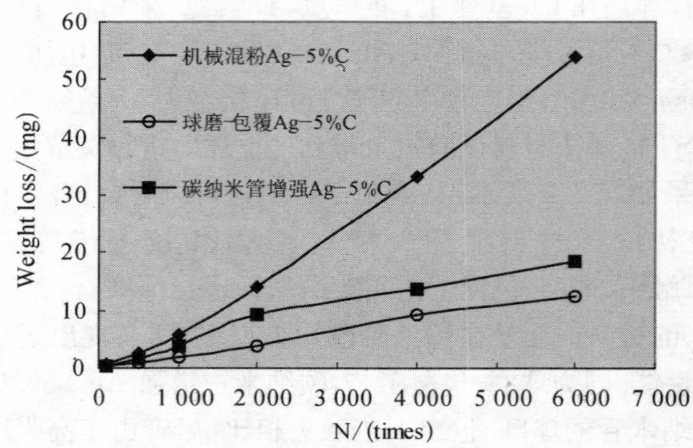

图 7.6　6 组样品 ASTM 触头材料试验机分阶段分断 AC17A 电弧磨损特性图

头分断后期，由于工作面坑洼程度加剧导致电涡流磨损现象的存在，电弧对触头的腐蚀越严重，触头性能急剧劣化甚至失效. 球磨-包覆 Ag－5%C 触头随分断次数电弧磨损量呈近线性规律变化，即在分断各阶段电弧腐蚀对材料的损耗程度比较平稳，不会出现分断后期触头损耗加重性能急剧劣化甚至导致触头失效的情况. 而制备出的碳纳米管增强球磨-包覆 Ag－5%C 触头随分断次数电弧磨损量呈指数小于 1 的指数函数规律上升，即到分断后期其材料损耗量趋于稳定，材料损耗速率下降，有效地抑制了触头分断后期电涡流磨损现象，这种优异的电弧磨损特性对于提高其工作寿命具有重要意义.

7.2.5　碳纳米管增强 Ag－5%C 触头电弧磨损显微组织分析

如前所述，触头在电弧的瞬时高温热冲击下，基体金属将产生蒸发剥离或者形成液态微熔池和熔融小液滴喷溅脱离表面，造成材料损失乃至失效. 对于 AgC 触头而言，熔融 Ag 小液滴的喷溅脱离工作面是材料损失的主要形式.

图 7.7～图 7.13 分别给出了碳纳米管增强 Ag－5%C 触头和粗石墨机械混粉工艺 Ag－5%C 触头经 220 V 电压、AC17A 电流分断

图 7.7　碳纳米管增强 Ag－5%C 触头电弧腐蚀后重熔形成的大 Ag 珠

图 7.8　碳纳米管增强 Ag－5%C 触头电弧腐蚀后重熔形成的小 Ag 珠聚团

6 000次后的 SEM 表面显微组织形貌. 从这些显微组织形貌中我们可以明显看出两种材料耐电弧磨损特性的差异,从中可以初步发现碳

图 7.9 碳纳米管增强 Ag－5%C 触头电弧冲击坑周围的重熔小银珠聚团

图 7.10 碳纳米管增强 Ag－5%C 触头电弧腐蚀后形成的局部松散结构区

纳米管增强 Ag－5%C 触头耐电弧磨损性能改善的机理.

图 7.11　粗石墨粉机械混粉工艺 Ag－5%C 触头电弧腐蚀冲击坑形貌

图 7.12　粗石墨粉机械混粉工艺 Ag－5%C 触头电弧腐蚀重熔大块 Ag 根

图 7.13 粗石墨粉机械混粉工艺 Ag－5%C 触头电弧腐蚀松散结构区形貌

图 7.7、图 7.8、图 7.9 和图 7.10 给出的是碳纳米管增强 Ag－5%C 触头电弧腐蚀后的组织形貌，可以看到该材料在电弧的瞬时高温热冲击下，基体金属 Ag 发生熔化和重熔，并且在触头工作表面形成大量的 Ag 珠及其聚团. 图 7.7 表明触头在电弧腐蚀冲击下，工作表面上熔化后的金属 Ag 能够附着在基体表面形成大的 Ag 珠，并在大 Ag 珠表面吸附大量的熔融 Ag 小液滴，减少了材料因电弧高温冲击下的喷溅损失；图 7.8 表明触头工作表面在电弧冲击后形成的液态微熔池能够不喷溅脱离基体，而是形成大量的小 Ag 珠聚团，附着在基体上；图 7.9 同样表明该材料在触头冲击后造成的冲击坑周围，能够吸附基体金属 Ag 熔融液态微熔池，以大量小 Ag 珠聚团的形成而减少了材料的喷溅脱离损失；图 7.10 显示的是碳纳米管增强 Ag－5%C触头材料电弧腐蚀后的局部松散结构区形貌，同样是形成了大量的重熔 Ag 珠，减少材料腐蚀磨损.

与此相较，粗石墨机械混粉工艺 Ag－5%C 触头材料经电弧腐蚀后，其工作表面组织形貌表现出了完全不同的特性. 图 7.11 给出了该材料电弧腐蚀冲击坑显微组织形貌，可以看到在电弧冲击下，形成明显的材料剥离坑，其基体并不能附着重熔 Ag 珠聚团，而是大量熔融 Ag 小液滴的喷溅脱离工作面；图 7.12 为电弧腐蚀后残留的大块 Ag 根，表明该材料基体金属 Ag 熔化重熔后形成的大块 Ag 与基体不能牢固粘附，被剥离基体表面，造成损失加大；图 7.13 给出了该材料工作面电弧腐蚀后局部松散结构区形貌，可以看到被剥离出原始基体组织.

由于 Ag 与 C 之间差的润湿性，任何改善其润湿性的因素都将有利于提高材料的抗电弧腐蚀能力. 碳纳米管增强新型 Ag－5%C 触头材料中经高能球磨处理后的石墨以及添加的碳纳米管具有极大的比表面能和表面活性，能够提高它对液态 Ag 的润湿. 同时，新材料中所实现的 Ag 颗粒在球磨 C 及碳纳米管上的包覆使其产生了物理结合界面，强化了它们的物理结合强度，也可以弥补润湿性的不足. 相对强化的结合强度以及改善的润湿性能将有助于阻止熔融 Ag 喷溅脱离基体表面. 碳纳米管的加入在 AgC 材料基体中构成良好的骨架，进一步起到强化基体及阻止熔融 Ag 小液滴的喷溅剥离的作用. 尤其是在触头分断后期，碳纳米管的存在及其强化基体骨架作用，有效地阻止了触头工作面的大量剥离，减轻了工作面坑洼度，抑制了触头分断后期电涡流磨损现象，是碳纳米管增强 Ag－5%C 触头具有优异的电弧磨损特性的机理之所在.

7.3　本章小结

本章采用将高能球磨、化学包覆和粉末冶金工艺相结合配以适量碳纳米管作为纤维增强体的思路，制备出一种新型的碳纳米管增强 AgC 电接触材料. 对添加的碳纳米管及制备出的碳纳米管增强 Ag－5%C 包覆粉形貌进行了电镜观察，对制备的包覆粉进行了晶粒度测试，对制备的块体触头主要机械物理性能进行了测定，在 ASTM 触头材料试验机上测试了该材料的耐电弧磨损性能并分析研究了该材料的电弧磨损特性及其电弧侵蚀形貌.

研究结果表明,试验采用的碳纳米管直观团聚体尺寸数十微米,由网状碳纳米管纠结构成,构成的碳纳米管丝平均尺寸 30～60 nm,制备出的碳纳米管增强 Ag－5%C 包覆粉中银的平均晶粒尺寸约为 50 nm. 对包覆粉的观察发现,微米尺寸的 Ag 颗粒呈絮凝状结构包覆在石墨片及碳纳米管的外面,这种絮凝体内部孔洞尺寸细小且分布均匀,有助于后续烧结过程的进一步致密化.

研究结果表明,相较于传统机械混粉 Ag－5%C 触头,球磨-包覆工艺和碳纳米管增强球磨-包覆工艺 Ag－5%C 触头均表现出了极佳的机械物理性能,主要性能指标大幅提高;同为球磨-包覆工艺,碳纳米管增强 Ag－5%C 触头与未添加碳纳米管的球磨-包覆工艺触头相比,其烧结复压致密性与电导率均无甚变化,主要是硬度进一步提升到 654 MPa.

研究结果表明,尽管在电弧磨损最初阶段材料损耗量相差不大,随着分断次数的增加,相较于传统机械混粉 Ag－5%C 触头,球磨-包覆工艺和碳纳米管增强球磨-包覆工艺 Ag－5%C 触头的材料损耗量在每一阶段均少得多,即表现出了优异的耐电弧磨损性能. 同为球磨-包覆工艺,碳纳米管增强 Ag－5%C 触头与未添加碳纳米管的球磨-包覆工艺触头相比,尽管由于高强度碳纳米管的存在,其机械物理性能中硬度得以进一步提升,但在此处,其耐电弧磨损性能在同等电弧磨损条件下各分断次数阶段均显示了轻微程度的劣化. 可能是由于在试验中采用的是商购聚团碳纳米管,分散性不是很好,导致制成的触头存在少量局部微观成分偏聚,从而轻微劣化了其耐电弧磨损性能. 尽管如此,结果表明,Ag－5%C 机械混粉触头随分断次数电弧磨损量呈指数大于 1 的指数函数规律上升,也就是说越到触头分断后期,由于工作面坑洼程度加剧导致电涡流磨损现象的存在,电弧对触头的腐蚀越严重,触头性能急剧劣化甚至失效. 球磨-包覆 Ag－5%C 触头随分断次数电弧磨损量呈近线性规律变化,即在分断各阶段电弧腐蚀对材料的损耗程度比较平稳,不会出现分断后期触头损耗加重性能急剧劣化甚至导致触头失效的情况.而制备出的碳纳米管增强球磨-包覆 Ag-5%C 触头随分断次数电弧磨损量呈指数小于 1 的指数函数规律上升,即到分断后期其材料损耗量趋于稳定,材料损耗速率下降,有效地抑制了触头分断后期电涡流磨损现象,这种优异的电弧磨损特性对于提高其工作寿命具有重要意义.

研究结果表明,碳纳米管增强新型 Ag-5%C 触头材料中经高能球磨处理后的石墨以及添加的碳纳米管具有极大的比表面能和表面活性,能够提高它对液态 Ag 的润湿.同时,新材料中所实现的 Ag 颗粒在球磨 C 及碳纳米管上的包覆使其产生了物理结合界面,强化了它们的物理结合强度,也可以弥补润湿性的不足.相对强化的结合强度以及改善的润湿性能将有助于阻止熔融 Ag 喷溅脱离基体表面.碳纳米管的加入在 AgC 材料基体中构成良好的骨架,进一步起到强化基体及阻止熔融 Ag 小液滴的喷溅剥离的作用.尤其是在触头分断后期,碳纳米管的存在及其强化基体骨架作用,有效地阻止了触头工作面的大量剥离,减轻了工作面坑洼度,抑制了触头分断后期电涡流磨损现象,是碳纳米管增强 Ag-5%C 触头具有优异的电弧磨损特性的机理之所在.

第八章 结　论

基于纳米材料诱人的特性和应用前景，本论文首次将纳米技术应用在 AgC 电接触材料的制备中，结合还原剂液相喷雾化学包覆技术，研制出性能优异的新型 AgC 触头，并对其机械物理性能和耐电弧磨损性能进行了系统研究，以“产、学、研”相结合的方式，通过与上海电器科学研究所合金分所的合作，将研制出的该新型 AgC 触头小规模产业化并批量供应市场，实现了科研院所新的变革，增强和塑造了科研院所面向市场的核心竞争能力.

为整体改善传统机械混粉 AgC 电接触材料的机械物理性能和电弧磨损性能，首先从粉体制备上入手，引入化学包覆工艺改善机械混粉触头的成分偏聚和组织不均匀性；采用高能球磨获得纳米级石墨，作为后续银原子非均质形核核心，结合还原剂液相喷雾技术制备出纳米晶 AgC 包覆粉，利用该粉体良好的烧结致密性能实现了块体触头性能的全面改善.

以纯度为 C%＞99.5%、粒度为 200 目的石墨粉为原料，通过 QM－1SP 型行星式球磨机，高能球磨不同时间，并对得到的球磨石墨粉采用 SEM 及 FESEM 进行了形貌观测表征，发现经 10 h 高能球磨后，石墨粉已减薄到一维纳米尺度，呈现分层状层片，并出现不等程度的堆叠及焊合，平均厚度 50～60 nm. 通过对不同球磨时间石墨的微观形貌分析可以发现，经过 10 h 高能球磨的石墨纳米化综合效果最好，对不同球磨时间石墨粉银包覆效果的微观分析表明，同样 10 h 高能球磨石墨银包覆效果最好，由此在后面的所有试验进程中均采用最佳的10 h高能球磨参数. 对 10 h 球磨纳米石墨化学包覆 Ag－5%C粉的 X 衍射测试表明，包覆粉中 Ag 的平均晶粒尺寸约为 50 nm. 球磨石墨包覆粉中，微米尺寸的近球形 Ag 颗粒呈絮凝状结构包覆在石墨片的外面,这种絮凝体内部孔洞尺寸细小且分布均匀,有助于包覆粉后续烧结过程的进一步致密化.对包覆工艺的研究发现,随球磨时间的增加,包覆效果下降.包覆粉的颜色则由浅灰色变成深灰黑色,包覆效果由好变差;同时,包覆粉的流动性由好变差.随球磨时间的增加,包覆效果下降、粉体流动性劣化,原因在于随着球磨时间的增加,石墨进一步减薄,相同质量分数石墨粉的细化和纳米化,大大地增加了比表面积,使得包覆过程中 Ag 原子非均质形核核心数目大大增多,极大增多的形核核心数目,一方面提高了分散在反应溶液中的球磨石墨充当 Ag 原子非均质形核核心的几率,起到细化包覆粉体的效果,另一方面,也使不能被银完全包覆的石墨片数量大大增加,导致银对石墨的包覆效果下降.

论文简要介绍了 AgC 块体触头材料的粉末冶金制备工艺及其机械物理性能测试原理,在此基础上研究了制备出的纳米晶 AgC 包覆粉体的烧结性能及其块体触头材料的机械物理性能,研究了球磨时间对块体触头性能及组织的影响以及烧结温度对其性能的影响,对 AgC 体系三种不同的粉体制备工艺触头材料进行了组织和机械物理性能对比分析并建立了简要的机理模型分析,并研究了纳米晶包覆粉的配比添加对常规机械混粉触头性能的影响.

研究结果表明,随着球磨时间的增加,AgC 块体触头出现了石墨定向组织.随着球磨时间的增加,电导率均匀组织时最高,有石墨定向组织出现而降低,随定向组织增多而电导率出现回升,但制备得到的材料硬度和致密性下降.电导率与球磨时间及金相组织呈一定的关系,球磨时间越长,石墨定向排列越明显,其电导率越高;致密性和硬度随球磨时间延长而降低.

研究结果表明,随着烧结温度的升高,AgC 块体触头材料的致密度增加,硬度上升,电导率明显提高.在 840℃左右,材料性能最佳.材料在 750℃和 800℃下烧结,得到材料的致密度仅为 98.5%,而在 840℃下烧结得到的材料接近完全致密.

研究结果表明,与机械混粉工艺相比,滴加-包覆工艺制备的

AgC块体触头电导率明显改善，提高了约11%，硬度增加到494 MPa，密度也相应提高.包覆制粉获得了银和石墨均匀的混合，基本克服了机械混粉的成分偏析，改善了银对石墨的润湿性和它们之间的物理结合界面及其强度，从而提高材料的机械物理性能.对于滴加-包覆工艺而言，球磨石墨滴加-包覆工艺制备的Ag-5%C材料烧结致密性略有增加，硬度则明显提高，电导率进一步提高，组织更加均匀，进一步消除了C在基体中的偏聚.同样以球磨石墨为添加相进行包覆制粉，喷雾-包覆工艺比滴加-包覆工艺制备的试样性能又有了较大的提高.球磨石墨喷雾-包覆工艺制备的Ag-5%C材料具有极好的烧结致密性，烧结复压密度达到理论密度的99.9%；良好的烧结致密性导致其硬度和电导率进一步提高.其组织更加均匀，基本上消除了C在基体中的偏聚.研究表明，得到这样良好的显微组织正是由于采用了还原剂液相喷雾技术.采用还原剂液相喷雾技术，大大增加了还原剂与反应溶液单位时间接触面积，提高了分散在反应溶液中的C粉充当Ag原子非均质形核核心的几率；同时大大降低了还原剂在反应溶液中的局域浓度，有效抑制了Ag原子长大速率.两方面作用下该技术实现了细化包覆粉体及其晶粒度的作用并改善其包覆效果，更好地消除了C在Ag基体中的成分偏聚.

研究结果表明，将制备的球磨-喷雾Ag-5%C纳米晶包覆粉与常规Ag-5%C机械混粉进行不同成分混合配粉后，制成的Ag-5%C触头机械物理性能呈现规律性变化：随球磨-喷雾Ag-5%C纳米晶包覆粉含量的增多，触头电导率逐步提高，硬度也随之增加，致密性呈波动变化，开始随纳米晶包覆粉含量增多而提高，而后随之下降，到全包覆粉触头达到最佳.利用球磨-包覆工艺制备的纳米晶Ag-5%C包覆粉，混合在传统的Ag-5%C机械混粉中，实现了通过利用纳米晶粉的晶粒长大填补机械混粉材料中的微小孔隙，从而达到了改善机械物理性能的目的.

论文系统阐述了Ag基触头材料电弧作用下的失效及其机理，并在此基础上将制备的球磨-喷雾-包覆工艺新型AgC触头与传统粗石墨机械混粉工艺触头安装在 ASTM(American Standard Test Method)机械式低频断开触头材料寿命试验机上进行了不间断电弧磨损对比分断试验,同时结合4组混合配粉触头进行了分阶段电弧磨损对比分断试验,测试并研究了该新型触头材料的耐电弧磨损性能和特性及其电弧腐蚀特征,并对其耐电弧磨损性能提高的机理进行了分析与探讨.

研究结果表明,不间断电弧磨损试验中球磨-喷雾-包覆工艺制备的新型 AgC 触头平均分断电弧质量损失远低于粗石墨机械混粉触头,抗电弧腐蚀性能提高了40%以上,纳米技术的应用同时改善了该材料的耐电弧腐蚀性能和抗熔焊性能.

研究结果表明,常规机械混粉工艺触头与球磨-包覆 Ag-5%C 触头及混合配粉4组触头(20%/Ag-5%C、40%/Ag-5%C、60%/Ag-5%C 和 80%/Ag-5%C),各组样品在分阶段电弧磨损试验中最初阶段损耗量相差不大,随着分断次数的增加,相较于常规机械混粉工艺触头,球磨-包覆 Ag-5%C 触头在每一阶段电弧损耗量均少得多,表现出了优异的耐电弧磨损性能.

研究结果表明,Ag-5%C 机械混粉触头随分断次数电弧磨损量呈指数大于1的指数函数规律上升,即到分断后期,由于工作面坑洼程度加剧导致电涡流磨损现象的存在,电弧对触头的腐蚀加重,触头性能急剧劣化甚至失效. 混合配粉烧结的4组触头的电弧磨损特性与之相类似,但其相同分断次数下的损耗量均随混合的纳米晶包覆粉含量的增多而呈下降趋势. 其中 20%/Ag-5%C 触头呈现不一致规律,其电弧磨损特性好于40%及60%混粉触头,接近80%混粉触头. 而制备出的球磨-包覆 Ag-5%C 触头随分断次数电弧磨损量呈近线性规律变化,在分断各阶段电弧腐蚀对材料的损耗程度比较稳定,不会出现分断后期性能和损耗急剧劣化加重的情况.

研究结果表明,经高能球磨处理后的石墨具有极大的比表面能和表面活性,能够提高它对液态 Ag 的润湿,同时,新工艺所实现的 Ag 颗粒在 C 上的包覆使两相之间产生了物理结合界面,强化了它们的物理结合强度，也可以弥补润湿性的不足. 相对强化的结合强度以及改善的润湿性能有助于阻止熔融 Ag 喷溅脱离基体表面，从而可减少 Ag 液的喷溅侵蚀，使触头材料的电弧磨损量减少，有助于延长触头的使用寿命.

研究结果表明，尽管在工作面上形成了大颗粒 Ag 珠，球磨-喷雾包覆工艺新型 AgC 触头相比粗石墨机械混粉触头具有更好的抗熔焊性能. 一方面，对于球磨-喷雾-包覆工艺 AgC 触头，制备过程中经高能球磨后的石墨具有更大的体积分数和更小的尺寸，造成金属与触头本体粘接的面积较小；另一方面，球磨-喷雾-包覆工艺 AgC 触头材料在电弧作用以后倾向于有更多的石墨沉积在表面，形成一层肉眼可见但在扫描电镜下不可分辨的覆盖在表面的石墨膜层，形成的石墨膜层有助于减小金属之间的熔焊几率.

研究结果表明，AgC 系触头材料经电弧侵蚀后其工作表面上形成的形貌特征包括结构松散区、富银区、C 沉积区、电弧冲击坑、气孔和孔洞以及裂纹，在电弧冲击作用下新工艺触头表现出了比传统粗石墨机械混粉触头更好的阻止熔融 Ag 珠喷溅损失脱离基体和阻碍表面裂纹生成扩展的能力.

论文简要介绍了低压断路器的原理与构造，将研制的新型 AgC 块体触点应用在上海施耐德低压终端电器有限公司生产的 AJM 小型断路器及北京 ABB 低压电器有限公司生产的 S261 和 S263 小型断路器上，经国家低压电器质量监督检验中心（TILVA）做运行短路能力研究性试验测试. 测试结果表明，施奈德送检的 18 个 AJM 样品 E_1-1～E_1-18 中除了 E_1-2 在试验中试后不通不符合要求外，其余样品均顺利通过了运行短路能力试验，在验证工频耐压中无击穿或闪络现象，脱扣特性验证也均符合要求；ABB 送检的 9 个 S261 和 S263 样品 E_1-1～E_1-9 全部顺利通过了运行短路能力试验，在验证工频耐压中无击穿或闪络现象，脱扣特性验证也均符合要求. 国家低压电器质量监督检验中心出具的检验报告显示该新型材料分别通过了施奈德送检的研究性试验（TILVA 报告编号：AT02040）和 ABB

送检的研究性试验(TILVA 报告编号：AT03306). 目前，该新型 AgC 块体触头材料已经小批量供应上海施奈德低压终端电器有限公司、ABB 北京低压电器有限公司、TCL 国际电工(无锡)有限公司、浙江正泰电器股份有限公司以及上海良信电器有限公司等生产企业，并取得了良好的经济收益.

论文采用将高能球磨、化学包覆和粉末冶金工艺相结合配以适量碳纳米管作为纤维增强体的思路，制备出一种新型的碳纳米管增强 AgC 电接触材料. 对添加的碳纳米管及制备出的碳纳米管增强 Ag－5%C包覆粉形貌进行了电镜观察，对制备的包覆粉进行了晶粒度测试，对制备的块体触头主要机械物理性能进行了测定，在 ASTM 触头材料试验机上测试了该材料的耐电弧磨损性能并分析研究了该材料的电弧磨损特性及其电弧侵蚀形貌.

研究结果表明，试验采用的碳纳米管直观团聚体尺寸数十微米，由网状碳纳米管纠结构成，构成的碳纳米管丝平均尺寸 30～60 nm，制备出的碳纳米管增强 Ag－5%C 包覆粉中银的平均晶粒尺寸约为 50 nm. 对包覆粉的观察发现，微米尺寸的 Ag 颗粒呈絮凝状结构包覆在石墨片及碳纳米管的外面，这种絮凝体内部孔洞尺寸细小且分布均匀，有助于后续烧结过程的进一步致密化.

研究结果表明，相较于传统机械混粉 Ag－5%C 触头，球磨-包覆工艺和碳纳米管增强球磨-包覆工艺 Ag－5%C 触头均表现出了极佳的机械物理性能，主要性能指标大幅提高；同为球磨-包覆工艺，碳纳米管增强 Ag－5%C 触头与未添加碳纳米管的球磨-包覆工艺触头相比，其烧结复压致密性与电导率均无甚变化，主要是硬度进一步提升到 654 MPa.

研究结果表明，尽管在电弧磨损最初阶段材料损耗量相差不大，随着分断次数的增加，相较于传统机械混粉 Ag－5%C 触头，球磨-包覆工艺和碳纳米管增强球磨-包覆工艺 Ag－5%C 触头的材料损耗量在每一阶段均少得多，表现出了优异的耐电弧磨损性能. 同为球磨-包覆工艺，碳纳米管增强 Ag－5%C 触头与未添加碳纳米管的球磨-包覆工艺触头相比，尽管由于高强度碳纳米管的存在，其机械物理性能中硬度得以进一步提升，但在此处，其耐电弧磨损性能在分断各阶段均显示了轻微程度的劣化. 可能是由于在试验中采用的是商购聚团碳纳米管，分散性不是很好，导致制成的触头存在少量局部微观成分偏聚，从而轻微劣化了其耐电弧磨损性能. 尽管如此，结果表明，Ag－5%C 机械混粉触头随分断次数电弧磨损量呈指数大于 1 的指数函数规律上升，即到触头分断后期，由于工作面坑洼程度加剧导致电涡流磨损现象的存在，电弧对触头的腐蚀加重，触头性能急剧劣化甚至失效. 球磨-包覆 Ag－5%C 触头随分断次数电弧磨损量呈近线性规律变化，在分断各阶段电弧腐蚀对材料的损耗程度比较稳定，不会出现分断后期触头损耗加重性能急剧劣化的情况. 而制备出的碳纳米管增强球磨-包覆 Ag－5%C 触头随分断次数电弧磨损量呈指数小于 1 的指数函数规律上升，即到分断后期其材料损耗量趋于稳定，材料损耗速率下降，有效地抑制了触头分断后期电涡流磨损现象，这种优异的电弧磨损特性对于提高其工作寿命具有重要意义.

研究结果表明，碳纳米管增强新型 Ag－5%C 触头材料中经高能球磨处理后的石墨以及添加的碳纳米管具有极大的比表面能和表面活性，能够提高它对液态 Ag 的润湿. 同时，新材料中所实现的 Ag 颗粒在球磨 C 及碳纳米管上的包覆使其产生了物理结合界面，强化了它们的物理结合强度，也可以弥补润湿性的不足. 相对强化的结合强度以及改善的润湿性能将有助于阻止熔融 Ag 喷溅脱离基体表面. 碳纳米管的加入在 AgC 材料基体中构成良好的骨架，进一步起到强化基体及阻止熔融 Ag 小液滴的喷溅剥离的作用. 尤其是在触头分断后期，碳纳米管的存在及其强化基体骨架作用，有效地阻止了触头工作面的大量剥离，减轻了工作面坑洼度，抑制了触头分断后期电涡流磨损现象，是碳纳米管增强 Ag－5%C 触头具有优异的电弧磨损特性的机理之所在.

1. *论文的创新点在于：*

(1) 首次将纳米技术应用在银石墨(AgC)电接触材料的制备中，

全面改善了该体系触头材料的机械物理性能和耐电弧腐蚀性能，开辟了一种新的触头生产制备工艺，成功进行了小规模产业化并批量供应市场，实现了科研院所新的变革，增强和塑造了科研院所面向市场的核心竞争能力；

(2) 高能球磨是最接近工业化生产的纳米制备技术，获得的球磨石墨粉在一维方向具有纳米尺度；

(3) 将获得的纳米级石墨作为后续银原子非均质形核核心，结合还原剂液相喷雾化学包覆技术制备出纳米晶银石墨包覆粉，利用该粉体良好的烧结致密性能实现了块体 AgC 触头性能的全面改善；

(4) 在 ASTM(American Standard Test Method)机械式低频断开触头材料寿命试验机上测试并研究了球磨-包覆工艺 AgC 新型触头材料的耐电弧磨损性能和特性及其电弧腐蚀特征，并对其耐电弧磨损性能提高的机理进行了分析与探讨；

(5) 首次将高能球磨、化学包覆和粉末冶金工艺相结合配以适量碳纳米管作为纤维增强体的思路制备出一种新型的碳纳米管增强 AgC 电接触材料，并已就此材料及其制备方法申请了国家发明专利(碳纳米管银石墨电触头材料及其制备方法，申请号 200310109007.9). 观测并研究了该新型触头材料的粉体晶粒度及形貌特征、块体材料的组织、机械物理性能和电弧磨损性能及其耐电弧腐蚀特性和电弧侵蚀形貌.

2. 论文工作中不足之处及其研究展望：

(1) 开发的球磨+喷雾-包覆工艺新型 AgC 触头材料虽已成功进行了小规模产业化并批量供应市场，产量仍然有限，有待于进一步完善生产工艺、提高产量、降低成本，并不断扩大产品系列；

(2) 已有的研究表明，石墨沿垂直于触点材料工作面的定向分布可以大大地提高材料的抗电弧腐蚀能力. 论文工作中通过高能球磨和化学镀技术获得了石墨的定向排列，是本论文试验研究的一大发现；但目前局限于获得的该石墨定向排布是一种相对离散排布，对触头的性能无明显改善，还有待于进一步的深入研究，期待通过尺度更

加细小的纳米级石墨低温烧结生长来得到致密的定向排布石墨强化纤维,全面提升触头性能;

(3) 研究制备的新型碳纳米管增强新型银石墨电触头材料,鉴于碳纳米管高昂的生产成本,目前还不可能进入小规模产业化批量供应市场的阶段.同时,该材料中碳纳米管的作用机理还有待进一步深入研究.

参 考 文 献

1 张万胜. 电触头材料国外基本情况. 电工合金，1997，**1**：1－20

2 翁桅. 我国低压电器用触头材料的现状和发展趋势. 低压电器，1995，**2**：49－52

3 王绍雄. 新触头材料 $AgSnO_2$ 的发展和应用. 低压电器，1992，**2**：15－20

4 曾麟德主编. 粉末冶金材料. 北京：冶金工业出版社，1989

5 史久熙. 粉末冶金电触头材料. 上海金属(有色分册)，1990，**11**(2)：35－42

6 陈文革，谷臣清. 电触头材料的制造、应用与研究进展. 上海电器技术，1997，**2**：12－17

7 吕大铭，凌贤野，周武平等. 用热等静压制取铜铬系真空触头材料. 粉末冶金工业，1997，**7**(1)：17－22

8 吕大铭，牟科强，唐安清等. 钨铜触头材料的热等静压处理. 粉末冶金技术，1990，**8**(1)：19－23

9 万江文. 离子束技术对金属材料表面的强化. 西安交通大学硕士论文，1993

10 Xu Shiru *et al*. Improving electric contacts by ion implantation. *Vacuum*，1989，**139**(2－4)：301－302

11 Xu Shiru *et al*. The Effect of Nitrogen and Boron Ion Implantation on the Performance of Electrical Contacts and Electromechanical Components. 1989，487

12 万江文，王其平，张乔根等. 离子注入对电触头分断电弧的影响研究. 电气开关，1996，**5**：32－34

13 张立德，牟季美著. 纳米材料和纳米结构. 北京：科学出版社，2001

14 Lee G G, Toshiyuki O, Koji H *et al*. Synthesis of SnO_2 particle dispersed Ag alloy by mechanical alloying. *Journal of the Japan Society of Powder and Powder Metallurgy*, 1996, **43**(6): 795 - 800

15 Joshi P B, Krishnan P S, Patel R H *et al*. Improved P/M Silver-Zinc Oxide Electrical Contacts. *Institute of Materials, Processing and Fabrication of Advanced Materials VI*, **Volume 1**, UK, 1998, 347 - 357

16 Zoz H, Ren H and Spath N. Improved Ag-SnO. sub 2 electrical contact material produced by mechanical alloying. *Metall*, 1999, **53**(7 - 8): 423 - 428

17 Aslanoglu Z, Karakas Y and Ovecoglu M. Switching performance of electrical contacts fabricated by mechanical alloying. *The International Journal of Powder Metallurgy*, 2000, **36**(8): 35 - 43

18 Tousimi K, Yavari A R, Ahn J H *et al*. Microstructure, conductivity and hardness of Cu and Ag-Based compacts with immiscible elements. *Journal of Metastable and Nanocrystalline Materials*, 1999, **1**: 223 - 229

19 余海峰，马学鸣，雷景轩等. 纳米技术在电触头材料中的应用. 稀有金属，2003，**27**(2)：366 - 370

20 Slade P G. Advances in materials development for high power vacuum interrupter contacts. *IEEE Trans on CPMT*, 1994, **17**(1): 96 - 106

21 Werner F R, Michael S, Glatzle W, *et al*. The influence of composition and Cr particle size of Cu/Cr contacts on chopping current, contact resistance and breakdown voltage in vacuum interrupters. *IEEE Trans on CHMT*, 1989, **12**(2): 273 - 283

22 Ding B J, Yang Z M, Wang X T. Influence of microstructure

on dielectric strength of CuCr contact materials in a vacuum. *IEEE Trans on CPMT*, 1996, **19A**(1): 76 - 81

23 Muller R. Arc-melted CuCr alloys as contact materials for vacuum interrupters. *Siemens Forech - U. Entwickl - Ber*, 1988, **17**: 105 - 111

24 李秀勇，王亚平，丁秉钧. 微晶、纳米晶 CuCr 触头材料的组织及性能. 稀有金属，1999，**23**(5)：362 - 364

25 胡连喜，王尔德. 机械合金化 Cu - 5%Cr 合金的制备及其组织性能的研究. 粉末冶金工业，1999，**9**(3)：7 - 12

26 王亚平，崔建国，杨志懋等. 微晶 CuCr 材料的制备及电击穿性能的研究. 西安交通大学学报，1997，**31**(3)：76 - 80

27 Morris M A and Morris D G. Microstructures and mechanical properties of rapidly solidified CuCr alloys. *Acta Metal*, 1987, **35**(10): 2511 - 2522

28 王亚平，张丽娜，杨志懋等. 细晶-超细晶 CuCr 触头材料的研究进展. 高压电器，1997，(2)：34 - 39

29 付广艳，牛焱等. 纳米晶 Cu - Cr 合金涂层在不同氧分压下的氧化. 金属学报，2001，**37**(10)：1079 - 1082

30 付广艳，牛焱等. 二元双相 Cu - Cr50 合金在 700～900 ℃空气中的氧化. 金属学报，1998，**34**(2)：159 - 163

31 付广艳，牛焱等. 粉末冶金 Cu - Cr 合金在 0.1 Mpa 纯氧气中的氧化. 中国有色金属学报，2000，**10**(1)：32 - 36

32 付广艳，牛焱等. 机械合金化 Cu - Cr 合金在 0.1 Mpa 纯氧气中的氧化. 中国腐蚀与防护学报，2000，**20**(5)：269 - 274

33 张启芳，潘一凡. 钨-铜系纳米材料研究. 南京林业大学学报，1998，**22**(4)：63 - 66

34 Mordike B L, Kaczmar J, Kielbinski M *et al*. Effect of tungsten content on the proerties and structure of cold extruded Cu - W composite materials. *Powder Metallurgy International*,

1991, **23**(2): 91-95

35 郑福前，谢明，刘建良等. Ag-10Ni 合金的机械合金化. 贵金属，1998，**19**(4)：1-3

36 断路器用机械合金化 AgNiC 电触头. JP，公开特许昭62-267436，1985

37 王崇琳，林树智，赵泽良等. 热压致密化块体纳米晶 Ag50Ni50 合金的显微组织. 中国有色金属学报，2001，**11**(5)：741-749

38 Joshi P B, Krishnan P S, Patel R H *et al*. Improved P/M silver-zinc oxide electrical contacts. *International Journal of Powder Metallurgy*, 1998, **34**(4): 63-74

39 Joshi P B, Krishnan P S, Patel R H *et al*. Silver-metal oxide type electrical contact materials by mechanical alloying. *Institute of Materials, Processing and Fabrication of Advanced Materials VI*, 1998; **Volume 1(UK)**: 347-357

40 余海峰，马学鸣，雷景轩等. 新型 AgC5 电触头材料的性能及显微分析. 稀有金属材料与工程，2004，**33**(1)：96-100

41 Yu Haifeng, Lei Jingxuan, Ma Xueming, *et al*. Application of nanotechnology in silver/graphite contact material together with optimization of its physical and mechanical properties. *RARE METALS*, 2004, **23**(1): 79-83

42 余海峰，马学鸣，朱丽慧等. 新型 Ag/C5 电接触材料的制备及其电弧磨损特性的研究. 稀有金属，2004，**28**(1)：1-4

43 Ma Xueming, Yu Haifeng, Lei Jingxuan. Application of nanotechnology in silver/graphite electrical contact material. *Shanghai International Nanotechnology Cooperation Symposium* (SINCS 2002), 2002, 407-414

44 雷景轩，余海峰，马学鸣等. 纳米相包覆 AgC5 电触头材料. 中国有色金属学报，2003，**13**(3)：685-689

45 陆尧，余海峰，项兢等. 碳纳米管银石墨新型电接触材料及其制

备技术. 国家发明专利，专利申请号：200310109007.9
46 马学鸣,雷景轩. 制粉工艺对制备银/石墨电触头材料性能的影响. 热处理，2003，**18**(1)：24 - 27
47 雷景轩,马学鸣，朱丽慧. 液相包覆技术及其在材料制备中的应用. 材料科学与工程，2002，**20**(1)：93 - 96
48 姜晓霞，沈伟著. 化学镀理论及实践. 北京：国防工业出版社，2000 年 6 月第一版
49 孙常焯. 包复制粉新工艺在银基触点生产中的应用. 粉末冶金技术，1992，**10**(2)：103 - 106
50 李玉桐，王起广. Ag - WC - C 系节银触头材料的研究. 电工合金文集，1990，(3)：1 - 5
51 李玉桐，李建设. Ag 包覆 WC，C 粉末触头材料的组织与性能. 材料研究学报，1995，**9**(5)：399 - 402
52 李玉桐，李建设等. 节银触头材料——包覆粉末 AgWC20C3 的组织与性能. 华通技术，1996，**1**：27 - 30
53 潘璋敏，高祥红，张京力等. XRD 对 WC 包银技术的研究. 上海大学学报(自然科学版)，1997，**3**，Suppl.：194 - 198
54 张晓燕，张家鼎，吴正纯等. 新型复合电接触材料的开发研究. 上海大学学报(自然科学版)，2000，**6**(1)：91 - 94
55 颜士钦，许少凡，凤仪等. 碳纤维/金属基复合材料的制造及其在电接触材料中的应用. 材料科学与工程，1998，**16**(1)：72 - 74
56 张冠生主编. 电器理论基础. 北京：机械工业出版社，1999
57 Wingert P. C. The Effects of Interrupting Elevated Currents on the Erosion and Structure of Silver-Graphite. *Proc. of Holm Conf.*, 1996, 60 - 69
58 Wingert, P. S. Allen and Bevington R. The effects of graphite particle size and processing on the performance of silver-graphite contacts. *IEEE Trans. Comp., Hybrids and Mfg.*

Tech., 1992, **15**(2): 154 - 159

59 Behrens V., Th. Honig, Kraus A., *et al*. Test Results of Different Silver/Graphite Contact Materials in Regard to Applications in Circuit Breakers. *Proc. of Holm Conf.*, 1995, 393 - 397

60 Vinaricky E. Behrens V. Switching Behavior of Silver/Graphite Contact Material in Different Atmospheres in regard to Contact Erosion Electrical Contacts. *Proceedings of the Annual Holm Conference on Electrical Contacts Oct* 26 - 28 1998, *IEEE*: 292 - 300

61 Iijim a S. Helical microtubes of graphitic carbon. *Nature*, 1991, **354**: 56 - 58

62 Tomas W E. Carbon nanotubes. *Annu. Rev. Mater. Sci.*, 1994, **24**: 235 - 236

63 Mingqi Liu, John M., Cowle Y. Structure of the helical carbon nanotubes. *Carbon*, 1994, **32**: 393 - 394

64 马仁志，朱艳秋，魏秉庆. 铁-巴基管复合材料的研究. 复合材料学报，1997，**14**(2)：93 - 96

65 张继红，魏秉庆，梁吉等. 激光融覆巴基管/球墨铸铁的研究. 金属学报，1996，**32**(9)：980 - 984

66 张晓君，应美芳，王成福. 短碳纤维-铜复合材料的研制. 材料科学进展，1990，**4**(3)：223 - 224

67 谷启一，荒川英夫. 低热膨胀铜-碳素纤维复合材料. 日本复合材料学会志，1984，**4**：152 - 153

68 董树荣. 纳米碳管铜基增强复合材料制备与性能的研究. 浙江大学材料科学与工程学系，1998

69 董树荣，涂江平，张孝彬. 粉末冶金法制备纳米碳管增强铜基复合材料的研究. 浙江大学学报(工学版)，2001，(1)：29 - 32

70 Benjamin J S. Dispersion strengthened superalloys by mechanical alloying. *Metallurgical Transactions A*，1970，**1**：2943－2951

71 Murphy B R，Courtney T H. Synthesis of Cu－NbC nanocomposites by mechanical alloying. *Nano-structured Materials*，1994，**4**：365－369

72 Xu J，Klassen U H，Averback R S. Formation of supersaturated solid solution in the immiscible Ni－Ag system by mechanical alloying. *Journal of Applied Physics*，1996，**79**：3935－3939

73 Benjamin J S，Volin T E. The mechanism of mechanical of alloying. *Metallurgical Transaction*，1974，**5**：1929－1937

74 董远达，马学鸣. 高能球磨机法制备纳米材料. 材料科学与工程，1993，**11**(1)：50－54

75 张修庆，朱心昆，颜丙勇等. 反应球磨技术制备纳米材料. 材料科学与工程，2001，**19**(2)：95－98

76 李凡，吴炳尧. 机械合金化——新型的固态合金化方法. 机械工程材料，1999，**23**(4)：22－25

77 Murty B S，Ranganathan S. Novel materials synthesis by mechanical alloying. *International Materials Review*，1998，**43**(3)：101－134

78 杨朝聪. 机械合金化技术及发展. 云南冶金，2001；**30**(1)：38－42

79 杨君友，张同俊，崔崑等. 球磨过程中的碰撞行为分析. 金属学报，1997，**33**(4)：381－385

80 陈世柱，黎文献，尹志民. 行星式高能球磨机工作原理研究. 矿冶工程，1997，**17**(4)：62－65

81 黄昆，韩汝琦. 固体物理学. 北京：高等教育出版社，1988

82 沈钟，王果庭. 胶体与表面化学. 北京：化学工业出版社，1989
83 W. D. 金格瑞等. 陶瓷导论. 北京：中国建筑工业出版社，1982
84 南京化工学院. 陶瓷物理化学. 北京：中国建筑工业出版社，1981
85 A. W. 亚当森. 表面的物理化学. 北京：科学出版社，1984
86 黄培云. 粉末冶金原理(第2版). 北京：冶金工业出版社，1997
87 A. 凯尔，W. A. 默尔，E. 维纳里库主编，赵华人，陈昌图，陶国森译. 电接触和电接触材料. 北京：机械工业出版社，1993
88 中华人民共和国国家标准 GB/T5586-1998. 电触头材料基本性能试验方法
89 邵文柱，崔玉胜，杨德庄. 电触头材料的发展与现状. 电工合金，1999，(1)：11-35
90 王盘鑫. 粉末冶金学. 北京：冶金工业出版社，1997
91 Zheng Xinjian, Wang Qiping. The Types and the Formation Mechanisms of AgNi Contacts Morphology due to Breaking Arc Erosion. *Electrical Contacts, Proceedings of the Annual Holm Conference on Electrical Contacts*, 1993, 97-102
92 郑新建，王其平. AgNi 触头材料电弧侵蚀形貌的类型及其形成机理. 西安交通大学学报，1993，**27**(2)：1-8
93 Allen, Sam. E., Streicher, Eric. Effect of microstructure on the electrical performance of Ag-WC-C contact materials. *Electrical Contacts, Proceedings of the Annual Holm Conference on Electrical Contacts*, 1998, 276-285
94 万江文，荣命哲，王其平. 电弧对银金属氧化物(AgMeO)触头的熔炼和侵蚀特性. 西安交通大学学报，1998，**32**(4)：13-17
95 堵永国，杨广，张家春等. 电弧作用下 AgMeO 触头材料的物理冶金过程分析. 电工技术学报，1998，**13**(4)：52-56
96 Wan Jiang-Wen, Zhang Ji-Gao, Rong Ming-Zhe. Adjustment State and Quasi Steady State of Structure and Composition of

AgMeO Contacts by Breaking Arcs. *Electrical Contacts, Proceedings of the Annual Holm Conference on Electrical Contacts*, 1998, 202 - 206

97 万江文，荣命哲，王其平. 银基触头电弧侵蚀及气孔和裂纹产生机理. 电工技术学报，1997，**12**(6)：1 - 5

98 Ambier J, Bourda C, *et al*. Modification in the microstructure of materials with air-break switching at high currents. *IEEE. Trans. on CHMT*, 1991, **14**: 153 - 161

99 荣命哲，冯建兴，杨武. 低压电器电触头材料的电弧侵蚀. 低压电器，1998，**1**：13 - 16

100 刘向军，张仁义，费鸿俊. 银基触头材料熔焊特性研究. 机电元件，2001，**21**(1)：19 - 22

101 Behrens V. R. Michal, Minkenberg J. N., Saeger K. E., *et al*. Erosion Mechanic of different Types of Ag/Ni90/10 Materials. *14th IEEC*, 1988, 417 - 422

102 范莉. 银钨系列触头熔渗工艺的研究. 苏州丝绸工学院学报，2001，**21**(5)：55 - 59

103 Takashi H., Noriyuki H. Effect of particle size of tungsten on some properties of sintered silver-tungsten and copper-tungsten composite materials. *Nippon Tungsten Rev.*, 1977, **10**: 15 - 24

104 Gessinger G. N., Melton K. N. Burn-off of W - Cu contract materials in an electrical arc. *Powder Met. Intern.*, 1977, **9** (2): 67 - 72

105 李震彪，程礼椿. AgNi 等触头材料的表面劣化研究. 华中理工大学学报，1995，**23**(10)：22 - 25

106 张乔根，万江文. 粒子束技术制备 Ag - Cu 固体润滑膜的研究. 真空科学与技术，1995，**15**(6)：424 - 428

107 CHI-HUNG LEUNG, HAM J. KIM. A Comparison of Ag/W, Ag/WC, and AgMo Electrical Contacts. *IEEE Transactions on Components, Hybrids, and Manufacturing Technology*, 1984, CHMT-7(1): 69-75

108 郭凤仪，王其平，张静. 开关电弧材料侵蚀研究. 阜新矿业学院学报(自然科学版)，1997，**16**(3)：370-374

109 任俊杰，万江文，荣命哲等. AgMeO材料触头的电弧侵蚀形貌特征. 电工技术杂志，1995，**9**(5)：9-12

110 Rieder W, Weichster V. Make erosion mechanism of AgCdO contacts. *Proc. of 37th IEEE Holm Conference on Electrical Contacts*, 1991, 102-108

111 Shobert E. I. Carbon Ⅱ., graphite, contacts. *in Proc. Holm Conf. on Electrical Contancts*, 1974, 1-19

112 Gray E., Pharney J. Electrode erosion by particle ejection in low-current arcs. *J. Appl. Phys.*, 1974, **45**: 667-671

113 Evans H., Jennings P. A mass spectrometric study of the neutral and positive ionic species involved in carbon deposition from R. F. discharges in carbon containing gases. *Carbon*, 1968, **6**: 695-705

114 王其平. 电器电弧理论. 北京：机械工业出版社，1991

115 Michal R., Saeger K. E. Metallurgical aspects of silver-based contact materials for air-break switching devices for power engineering. *IEEE Trans. CHMT*, 1989, **12**: 71-81

116 Francisco H. A., Wallace J. L. Effects of Crack on Contact Operating under High Contact Force. *IEEE Trans. on CPMT*, 1995, **18**(2): 348-352

117 Kang S., Brecher C. Cracking mechanisms in $AgSnO_2$ contact materials and their role in the erosion process. *IEEE Trans.*

CHMT，1989，**12**(1)：71－81

118 郭凤仪. 电触头表面裂纹扩展机理研究. 西安交通大学学报，1998，**32**(1)：13－16

119 连理枝编著. 低压断路器及其应用. 北京：中国电力出版社，2001

致　谢

本论文是在马学鸣教授的精心指导和悉心关怀下完成的. 从论文的选题、试验方案的制订、试验过程的进行和开展、试验结果的分析与讨论,以及论文的撰写和修改,都始终凝聚着马老师的一片心血. 马老师渊博的知识、严谨的治学态度、一丝不苟的工作作风以及对新事物敏锐的洞察力和独到的见解给我留下了极其深刻的印象,必将深深地影响着我并使我终身受益. 在此论文完成之际,向尊敬的恩师致以崇高的敬意和衷心的感谢. 同时我也将尽最大的努力,在今后的工作中不断进取、不断创新,用自己的实际行动来汇报恩师.

本论文中触头块体材料的制备及其电弧磨损性能的试验是在上海电器科学研究所(集团)有限公司合金分所完成的,得到了分所长陆尧高工和工程师项兢的大力支持与帮助,他们对于我的试验研究工作提供了很多宝贵的建议并给予了相当多的指导,在此对陆尧高工和工程师项兢表示深深的谢意.

整个论文的工作也得到了许多老师和同学的支持与帮助,特别感谢朱丽慧老师,她对我的课题研究和试验工作给予了精心的启迪和指教. 论文的顺利完成还得益于潘晓燕师姐和雷景轩、沈刚、陈怡、徐炯等师弟师妹的大力协助与支持,在此,对他们表示衷心的感谢.

此外,论文的试验工作也得到了陈文觉老师、陈洁老师、包耐伟工程师、翁桅高工、赵建谷高工、严德福工程师、黄国强工程师等老师和工程师们的大力协助,同时,上海市科学技术委员会对本项目进行了资助,在此一并向他们表示诚挚的感谢.

同时我也要深深感谢我亲爱的父母和弟弟妹妹,正是他们的理解、支持和无微不至的关怀才使本文得以顺利完成.

最后谨向这几年来所有关心、支持和帮助过我的老师、同学和朋友表示衷心的感谢,并向所有从精神上和物质上给予我鼓励和资助的人们表示感谢.

作者攻读博士学位期间发表的论文和申请的专利

A. 发表的论文

1. 余海峰，马学鸣，雷景轩，朱丽慧，陆尧，项兢. 新型 AgC5 电触头材料的性能及显微分析. 稀有金属材料与工程，2004，**33**(1)：96－100(SCI 收录，ISI：000188932200024)
2. YU Haifeng，LEI Jingxuan，MA Xueming，ZHU Lihui，LU Yao，XIANG Jing，and WENG Wei. Application of Nanotechnology in Silver/Graphite Contact Material together with Optimization of its Physical and Mechanical Properties. *RARE METALS*，2004，**23**(1)：79－83(SCI 收录，ISI：000220554100016)
3. 余海峰，马学鸣，雷景轩，朱丽慧，陆尧，项兢. 纳米技术在电接触材料中的应用. 稀有金属，2003，**27**(2)：366－370
4. 余海峰，马学鸣，朱丽慧，陆尧，项兢，翁桅. 新型 AgC5 电接触材料的制备及其电弧磨损特性的研究. 稀有金属，2004，**28**(1)：1－4
5. 余海峰，马学鸣，朱丽慧，俞景禄，赵月红，刘会圈，区正平. 转炉脱磷脱硫与相关参数的灰色关联度分析. 炼钢，2003，**19**(1)：14－17，30
6. 余海峰，马学鸣，雷景轩，朱丽慧. 纳米技术在电触头材料中的应用. 2002 上海纳米科技发展研讨会论文集，2002：38－42
7. Xueming Ma，Haifeng Yu，Jingxuan Lei. Application of Nanotechnology in Silver/Graphite Electrical Contact Material. *Shanghai International Nanotechnology Cooperation Symposium*

(SINCS 2002)，2002，407－414

8. 雷景轩，余海峰，马学鸣，朱丽慧，陆尧，项兢，翁桅. 纳米相包覆 AgC5 电触头材料. 中国有色金属学报，2003，**13**(3)：685－689
9. 雷景轩，马学鸣，余海峰，朱丽慧. 机械合金化制备电触头材料进展. 材料科学与工程，2002，**20**(3)：457－460
10. 徐炯，朱丽慧，余海峰. 银基触头材料电弧作用下的失效及其机理. 材料科学与工程学报，2003，**21**(4)：612－615
11. 俞景禄，王忠涛，赵月红，余海峰，虞海燕，冯兵. 用灰色系统理论实现炼钢脱磷和脱硫同时优化. 炼钢，2003，**19**(4)：47－50

B. 专利

12. 陆尧，余海峰，项兢，马学鸣，胡志峰，翁桅，沈小宇. 碳纳米管银石墨新型电接触材料及其制备技术. 国家发明专利，申请号：200310109007.9